環境問題への
アプローチ

有田正光 編著

石村多門・白川直樹 著

東京電機大学出版局

［R］〈日本複写権センター委託出版物〉
本書の全部または一部を無断で複写複製（コピー）することは，著作権法上での例外を除き，禁じられています。本書からの複写を希望される場合は，日本複写センター（03-3401-2382）にご連絡ください。

はじめに　生命を紫外線から守るオゾン層の破壊，大気中の二酸化炭素の増加による地球温暖化，熱帯雨林の過剰伐採による砂漠化などの地球環境問題がクローズアップされている。本書はこのようなさまざまな地球環境問題を特に専門知識をもたない一般の広範な読者に理解していただくことを目的としている。そのために，難解な理論などは避け，平易な執筆となるよう配慮した。また，理解の助けとなるよう「ポイント」のコーナーを多く設けた。

第1章では地球環境問題を考える上での基礎知識を，第2章ではさまざまな地球環境問題について執筆した。また，近年の環境破壊は人間の経済活動が活発・大規模化したことが大きな原因であることから，第3章では経済活動と環境のかかわりについて述べた。さらに，第4章では環境を守るためには，われわれ個人個人がもつべき倫理観について述べた。

20世紀は驚異的な科学技術の発展と世界的な動乱・戦乱の世紀であった。21世紀は環境問題との戦いの世紀となろう。したがって，いまや環境問題は研究者や企業のみならず，われわれ一人一人が高い意識をもって取り組まなければならないものとなっている。本書によって読者が環境問題を知り，その意識を高めることに僅かなりとも寄与することができれば幸いである。

私事にわたるが，この10月に父の七回忌を迎える。海軍軍人であった父は，頭髪を託して戦艦大和を旗艦とした海軍の沖縄特攻に参加し，奇跡的に生還している。晩年，戦場に散った多くの戦友たちに平和な現在を見せてやりたかったと語った父の姿が今でも脳裏に焼き付いている。激動の前世紀を生きた人々の苦労を想い，何とか平和で美しい自然環境に恵まれた地球を次の世代に引き継ぎたいものである。

なお，本書の第1章，第2章の大部分は東京電機大学出版局より既刊の「水圏の環境」，「大気圏の環境」，「地圏の環境」の内容から，

本書の目的に合致する部分を抜粋・書き直したうえで，再編集したものである。これらの本の執筆者である，池田裕一・江種伸之・岡本博司・小池俊雄・小尻利治・中井正則・中村由行・平田健正・福島武彦・藤野毅・道奥康治・村上和男・吉羽洋周の各氏に深く感謝の意を表します。

2001年元旦（松風台にて）

有田　正光

【目次】

第1章　環境問題の基礎知識

化学的汚染と有機汚染　　2

光・熱と環境および食物連鎖・生物濃縮　　6
　　光と光合成および呼吸　　6
　　食物連鎖と生物濃縮　　8

水と環境　　9
　　水の熱的特性と環境緩和効果　　9
　　水の密度変化と環境緩和効果　　10
　　放射収支へ与える水の役割　　12

環境判定指標と環境基準　　14
　　水域の水質判定指標と環境基準　　14
　　大気中の有害微量ガスと環境基準　　15
　　土壌・地下水の汚染物質と環境基準　　17

水域の有機汚染　　18
　　成層化した水域の有機汚染　　21
　　有機汚染による水質障害　　22

第2章　さまざまな環境問題

水域の環境　　27

貯水池・湖沼の水環境	27
河川の水環境	32
海洋・海岸の水環境	40

大気圏の環境　46

大気中のガスと温室効果	46
二酸化炭素と地球温暖化	46
地球温暖化の影響と対策	48
オゾン層の破壊とその影響および対策	50
酸性雨	51
自動車排気ガスと大気環境	55
エネルギーと環境	58
植生・都市・砂漠と大気環境	58

地下・土壌の環境　62

土の成立ち	63
土壌の化学的性質	64
土壌の性質	68
土壌環境の悪化	70
土壌・地下水汚染	76
土壌・地下水の汚染処理技術	79

第3章　環境と経済

経済活動と環境問題　83

環境経済学の成立（環境と経済の対立）	83
経済活動からみた環境とは（経済学による環境問題の解釈）	84
持続可能な発展	86

環境経済と環境政策　88
    環境の価値分類　88
    自然環境の評価法　92
    環境政策の経済学的評価　98
    環境政策（環境対策費用の負担）　102

持続可能な発展のための指標　107
    持続可能な社会の指標　107
    環境経済統合勘定　109

第4章　環境と倫理

人間は自然環境なしでは生きられない　116

社会環境－人間固有の環境世界－　121

自然環境・社会環境の豊かさとは　124

ニッチ・個性と豊かな自然・社会環境　128

職業倫理　130

日本人・欧米人の文化と自然環境　133

    【参考・引用文献】　138

    索引　143

［装　幀］福田和雄
［イラスト］小島早恵

ポイント目次

その1 …… 3
　水俣病公害
　渡良瀬川流域の銅汚染
　神通川流域のカドミウム汚染
　土呂久のヒ素汚染

その2 …… 4
　有機物と無機物
　植物と無機栄養塩

その3 …… 7
　光合成と光の波長

その4 …… 10
　熱量・比熱・潜熱
　海洋大循環と気候緩和効果

その5 …… 12
　水と空気の密度
　密度成層と安定度

その6 …… 20
　各種有害物質の用途と毒性

その7 …… 23
　好気性微生物と嫌気性微生物

その8 …… 24
　東京湾の青潮被害
　紅海の名前の由来

その9 …… 30
　浄水施設と有機汚染
　水の塩素消毒のあり方

その10 …… 35
　森が育む海の豊かさ

その11 …… 38
　ハビタット・バイオトープ・エコトープ・
　フィジオトープ・ビオトープ
　近自然河川工法・近自然型護岸
　魚道の役割と種類

その12 …… 43
　ラムサール条約
　ミチゲーション

その13 …… 49
　地球温暖化の原因に対する誤認識
　二酸化炭素の毒性
　酸欠（酸素欠乏）

その14 …… 50
　二酸化炭素の回収法

その15 …… 52
　大気圏の概略
　大気層と人間の生活
　オゾン層の形成
　日焼け

その16 …… 55
　酸性雨の記録

その17 …… 56
　スギ花粉症
　ロンドン型スモッグ
　逆転層と順転層

その18 …… 61
　蒸発と蒸散
　気孔

その19 …… 63
　都市気温の経年変化

その20 …… 65
　岩石の風化と土壌の固層
その21 …… 66
　イオン
　土壌・地圏と人間生活
　土壌の荷電量
　腐植
　有機物が肥料となる原理
　下水処理場の原理
その22 …… 68
　資源としてのリン
　降水量と酸性・アルカリ土壌
その23 …… 70
　針葉樹林と広葉樹林のリター層
その24 …… 72
　食料問題
　有機農法
　耕耘（こううん）
　アルミニウムの毒性
　土の緩衝作用と微生物的緩衝作用
その25 …… 74
　塩類化の事例
　灌漑農業の改良
その26 …… 75
　根粒菌の役割
その27 …… 77
　重金属と軽金属
その28 …… 79
　揮発性有機化合物

その29 …… 93
　富士山の価値
その30 …… 97
　表明選好法の質問方法
その31 …… 103
　レジ袋の有料化制度
その32 …… 108
　多摩川の水争い
その33 …… 111
　GDP（国内総生産）と経済成長率
その34 …… 113
　豊かさ指標（新国民生活指標）
その35 …… 114
　環境経済統合勘定表の見方
その36 …… 117
　倫理とは
その37 …… 119
　環境世界
その38 …… 125
　ニッチ
その39 …… 129
　地球という村
その40 …… 133
　日本人の意志決定

執筆分担

第1章　環境問題の基礎知識　　　有田正光
第2章　さまざまな環境問題　　　有田正光
第3章　環境と経済　　　　　　　白川直樹
第4章　環境と倫理　　　　　　　石村多門・白川直樹

第1章

環境問題の基礎知識

地球環境の悪化が社会問題となっている。本章ではさまざまな環境問題を考える上で基礎となる知識の概略について述べる。

化学的汚染と有機汚染

環境汚染には有害化学物質による汚染（**化学的汚染**という）と有機物の異常増殖によって生ずる**有機汚染**がある。

化学的汚染とは本来人為的に環境中に放出してはならない有害化学物質による環境汚染のことであり，日本では有機水銀による水俣病や，カドミウムによるイタイイタイ病等が有名である。一般に有害化学物質は，環境や生物の体内に入ると，無害な物質に分解されにくいこと（**残留性**が高いという），生物体内で**食物連鎖**によって高濃度に濃縮される（**生物濃縮**という，食物連鎖については次節参照）などの性質をもっている。したがって，低濃度の有害化学物質が環境中に放出された場合でも高い残留性と生物濃縮によりその影響は長期間におよび深刻なものとなる。

有害化学物質は猛毒性や発ガン性などの性質をもち，さまざまな悪影響を生物に及ぼす。また，近年，世界各地でメス化した貝類（オスの貝類の数が雌の貝類に比較して少ない）の事例が数多く報告され，社会問題化している。そのような作用を示す化学物質は**環境ホルモン**（正確には外因性内分泌撹乱化学物質という）とよばれ，ポリ塩化ビフェニールPCB・DDT・ダイオキシンなど，多種類ある。

これらの中でPCBは電機製品の絶縁体として，DDTは殺虫剤として，過去に多量使用されてきた。いずれの物質も日本では1970年代初めに製造・使用が中止されているものの，分解されにくい性質をもっているので，環境中にいまだに高濃度でかつ広範囲に濃縮・蓄積されていると考えられる。例えば，最近でも極地方のイルカの体内にPCBが高濃度に蓄積していることが判明し，地球規模の汚染が明らかになっている。PCBやDDTが，開発途上国では現在でも使用されていることも問題である。

また，**ダイオキシン**は青酸カリの1000倍，サリンの2倍の毒性

ポイントその1

水俣病公害
　1956年に熊本県水俣市で，中枢神経疾患の患者が発見された。その原因はチッソ水俣工場からの排水中に含まれていた有機水銀が水俣湾の魚介類に濃縮し，その魚介類を人間が長期間にわたって食べた結果であることが判明した。水俣病の認定患者は2211人にのぼっている。

渡良瀬川流域の銅汚染
　江戸時代から続く足尾銅山からの採鉱に伴う廃棄物が洪水によって渡良瀬川流域に流出し，渡良瀬川流域で銅汚染が生じた公害である。1880年代後半から農漁業と人の健康への被害や，妊婦の流産の多発が報告されている。

神通川流域のカドミウム汚染
　神通川上流の鉱山から放流されたカドニウム等を含んだ排水による公害である。流域の住民に骨軟化症に似た症状の病気（イタイイタイ病）が多発した。

土呂久のヒ素汚染
　宮崎県の土呂久鉱山は江戸時代に採鉱が開始された歴史の古い鉱山である。1971年の調査によって周辺住民にヒ素中毒と思われる患者が発見され，環境庁は1973年に慢性ヒ素中毒の救済地域に指定した。

をもつ，人類が作り出した最強の毒物であり，発ガン性や生殖障害などの毒性をもっている。1960年〜1980年の発生源は，ダイオキシンが不純物として含まれていた除草剤の散布によるものがほとんどであった。除草剤は現在では使用禁止されているが，過去に使用されたものが水田・河川・海といった自然界に濃縮・残留されていることが問題である。現在ではダイオキシンの95％はごみ焼却炉で

のゴミの燃焼時に発生するとされている。したがって，その発生量を低減させるためにはごみの分別（特に塩素含有プラスチックがダイオキシンの発生源となる）や焼却炉に十分な酸素を送りこみ，完全燃焼させること（燃焼温度を800℃以上の高温とすればよい）等の対策が必要である。

　一方，**有機汚染**とは植物の主たる栄養源である窒素やリンなどの**無機栄養塩**が水域に過剰に供給されるとき，水中の**植物プランクトン**が異常増殖して生ずる水質の悪化現象のことである。

　図1-1は有機汚染の原因となる主な植物プランクトンの中で，河川・湖沼の淡水の水域に生存するもの（**淡水性**という，図1-1（a）参照），海域に生存するもの（**海洋性**という，図1-1（b）参照）の事例を示している。また，水域には植物プランクトンを餌とする**動物プランクトン**（図1-2参照）も生存している。しかし，動物プランクトンの大量発生はあまり問題にならない。むしろ，動物プランクトン量が多い水域では，餌となる植物プランクトン量が減少して比較的透明に近い水質が得られることがある。なお，有機汚染問題の詳細については「水域の有機汚染」の節で述べる。

👉 ポイント その2

有機物と無機物
　二酸化炭素CO_2と一酸化炭素CO，炭酸塩を除く炭化化合物を有機物とよんでいる。有機物以外の物質は無機物とよばれている。動物や植物およびその遺体は有機物である。

植物と無機栄養塩
　植物や植物プランクトンの生成・増殖には元素（無機栄養塩という）が必要であり，これらを不可欠元素という。不可欠元素の中で窒素・リン・カリウムは不足しがちな元素であり，農地では肥料として与える。

化学的汚染と有機汚染 5

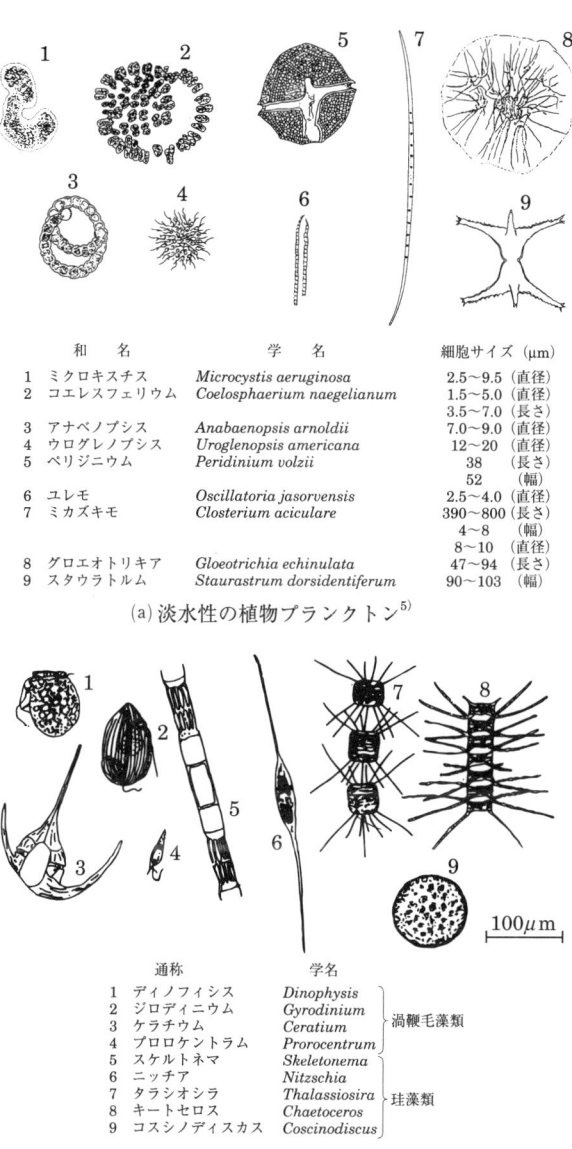

図 1-1 主な植物プランクトンの例［文献1)より引用］

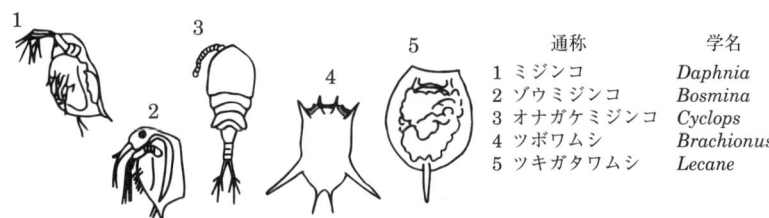

図1-2 主な動物プランクトンの例[11]［文献1)より引用］

光・熱と環境および食物連鎖・生物濃縮

光と光合成および呼吸 人間を含め，地上の動物の生存のために必要な食物と呼吸のための酸素を生産しているのは植物（植物プランクトンを含む）である。植物の葉や植物プランクトン中には**葉緑体**とよばれる組織が存在し，その中の**クロロフィル**とよばれる色素は，光エネルギーを利用して無機物である二酸化炭素CO_2と水H_2Oから有機物（ブドウ糖$C_6H_{12}O_6$など）を合成して，酸素O_2を放出する。このようなクロロフィルの反応を**光合成**とよんでいる。植物の光合成によって生産された酸素は大気中に放出され，地上の生物の呼吸に使用される。また，光合成によって合成された有機物は植物の呼吸や自らの成長のために使用される。さらに，成長した植物は動物の餌や人間の食料（野菜や穀物として）となる。

一方で，生物（植物・動物）が呼吸するとき，ブドウ糖などの有機物と酸素O_2を消費して二酸化炭素CO_2を放出する。次式は植物のクロロフィルによる光合成と呼吸の過程を示している。

$$6CO_2 + 12H_2O \underset{呼吸}{\overset{光合成}{\rightleftarrows}} C_6H_{12}O_6 + 6H_2O + 6O_2$$

二酸化炭素　　水　　　　　　有機物　　　水　　酸素
　　　　　　　　　　　　　（ブドウ糖など）

このように植物は光合成によって二酸化炭素CO_2を吸収し，呼吸によって酸素を排出する。これらを合わせた正味のCO_2の吸収速度を**純光合成速度**とよんでいる。年間を通した純光合成速度は一般に正であり，これにより植物は地上のCO_2の吸収源であるとともに酸素の供給源となっている。なお，純光合成速度は光の強さ・気温・二酸化炭素濃度の値の増加とともにその値が大きくなるのが一般的である。

ポイント その3

光合成と光の波長

地上に到達する太陽光はさまざまな波長の光の重ね合わせからなっている（図参照）。その中で植生が光合成に利用するのは**可視光域**（人間の目で見える光の波長域）とよばれる，波長が0.38〜0.77μmの波長の光である。また，その波長域の光の中で特に光合成に利用される光は青紫色（0.45μm程度の波長域）と赤色（0.66μm程度の波長域）である。この波長域の光であれば人工の光でも光合成が行われる。なお，植物の葉の色が緑色に見えるのは，緑色の波長域（0.49〜0.55μm）の光が光合成にはほとんど利用されずに葉面から反射されるためである。

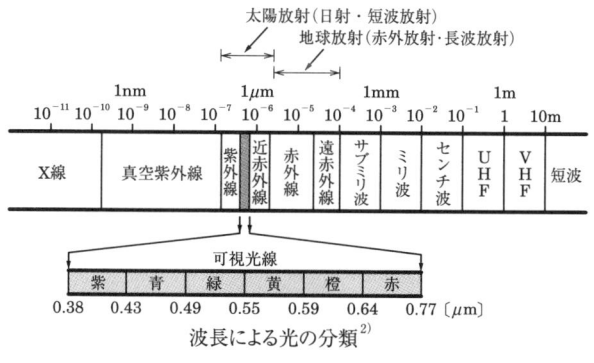

波長による光の分類[2]

食物連鎖と生物濃縮　すべての生物は食う・食われるという，食物連鎖と呼ばれる関係で成り立っている。その中で植物プランクトンは光合成によって窒素やリンなどの無機物から植物の体などの有機物を合成できる生物であり，食物連鎖の基本となる生物である（よって植物プランクトンは**生産者**とよばれる）。

ここでは，汽水湖沼（海水と淡水が混じり合う，河口付近などの水域）を例にして水域の食物連鎖について考える（図1-3参照）。水域で最も基本となる生物である植物プランクトンを食べる動物，例えば動物プランクトンや貝類などを**一次消費者**とよぶ。一次消費者は魚などの二次消費者に食べられ，二次消費者は鳥などの三次消費者によって消費され……というようにその関係が続く。これを**食物連鎖**とよんでいる。

なお，高次の消費者が低次の消費者を食べることによって得たエネルギーの多くは呼吸のために消費されたり排泄されたりする。結果として，高次の消費者の生物量は，それより1つ下位の生物量の約1割程度であるのが普通である。

ところで，農薬などの有害化学物質は生物体内で分解されにくい

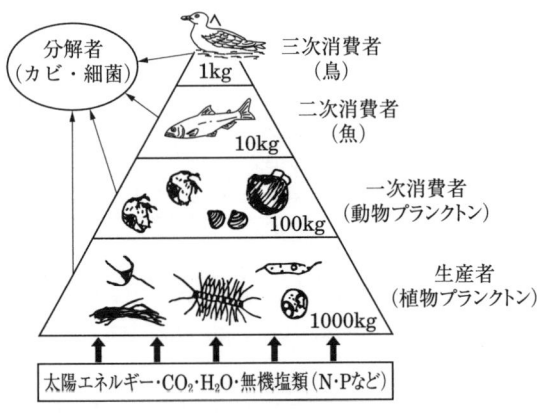

図1-3　汽水湖沼における食物連鎖の概念図［文献1)より引用］[12)]

性質をもっているので分解・排泄されにくい。その結果，高次の消費者ほど高濃度に体内に濃縮され（生物濃縮という），生態系にダメージを与えることになる。例えば，「化学的汚染と有機汚染」の項で述べたように極地方のイルカの体内から高濃度のPCBが検出されるのは，PCBの残留性が高いので生物濃縮されるためである。

水と環境

　地球には大量の水が存在し，地球の環境形成に深くかかわっている。その量は海域に約 1.4×10^{18} [m³]，陸域に約 6.9×10^{16} [m³] 程度であると考えられている。それゆえ地球は「水惑星」とよばれる。ここでは水のもつ特殊な性質と，それがどのように環境形成にかかわっているかについて述べる。

　水の熱的特性と環境緩和効果　水は温度および圧力の条件に応じて，気体である水蒸気や固体である氷に変化する（相変化するという）。この相変化に伴って，「ポイントその4」に示すように極めて大きな熱量が吸収もしくは放出される（**潜熱**の吸収・放出という）。また，水は熱容量が大きい（熱を蓄える能力が大きい）。このような特徴をもつ水が相変化を伴いながら大気中を循環し，水域を流れることによって地球の大気・水の環境を緩和している。

　例えば，太陽光によって地表面が加熱されると地表面の水が水蒸気となって蒸発する。このとき潜熱が吸収されるので地表面は冷却される。また，上空で水蒸気が凝固して雲になると（雲は小さな水粒子である。つまり，気体である水蒸気が雲になるとき液体である水になる），そこで熱が放出され大気が暖められる。このとき，太陽で加熱された地表面から大気中へ熱が循環することになり，地表面近傍の気温の上昇が緩和される。

ポイントその4

熱量・比熱・潜熱

潜熱とは物質の状態が変化する（相変化）ときに発生する熱のことであり，水蒸気が水に変化するとき（もしくは，その逆のとき）や水が氷に変化するとき（もしくは，その逆のとき）は次式が成立する。

$$\text{水蒸気} \rightleftarrows \text{水} + \text{潜熱（0°Cで } 2.50 \times 10^6 \, [\text{J/kg}]\text{）}$$
$$(\text{H}_2\text{O気体}) \quad (\text{H}_2\text{O液体})$$

$$\text{水} \rightleftarrows \text{氷} + \text{潜熱（} 3.34 \times 10^6 \, [\text{J/kg}]\text{）}$$
$$(\text{H}_2\text{O液体}) \quad (\text{H}_2\text{O固体})$$

つまり，水蒸気が水に変化するときに潜熱が放出され，水が水蒸気に変化するときに潜熱（気化熱）が吸収される。一方，水が氷に変化するとき潜熱が放出され，氷が水に変化するとき潜熱が吸収される。

例えば，暑い夏の日に庭に水をまくと涼しくなる。これは庭にまいた水が水蒸気に変化するとき，大量の熱が吸収されるためである。また，水が氷になるとき，熱が放出されるので氷が形成されにくく，逆に，氷が溶けて水になるとき熱を吸収するので氷は溶けにくくなる。つまり，氷は形成されにくく，一旦形成されると溶けにくい性質をもっている。このような，水のもつ相変化に伴う大量の潜熱の吸収や放熱は地上の気候の変化を抑制する効果をもっている［注：1gの水を1℃だけ上昇させるのに必要な熱量は1calと定義される。なお，熱量の単位としてJ（ジュール）もよく使用され，1cal＝4.186Jである］。

水の密度変化と環境緩和効果 水の密度が最大となるのは4℃であり，水温がそれより高くても低くてもその密度は小さくなる（「ポイントその5」参照）。また，水が0℃以下に冷却されると固体である氷となるが，その密度は0℃の水の密度より小さい。したがって，氷は水に浮くことになる。このように固体の密度が液体の密度より小さいのは水のもつ特殊な物性であり，この性質が地球の気候緩和に貢献している。

海洋大循環と気候緩和効果

　大西洋北部の海域では寒冷な気候での冷却や水分の蒸発による塩分濃度の上昇によって海水密度が高くなる。その結果，海水は海底へ沈み込み，海底を流動する。この冷却され海底を流動する海水はヨーロッパ沖を南下して喜望峰を回ったのち，一部はインド洋，一部は南太平洋で水表面に湧昇し，それらの地域を冷却する。また，湧昇した海水はそこで暖められて密度が小さくなり，今度は表層水として，再びヨーロッパ沖へ環流する。このような深層-表層水間の海洋における水の大循環によって，熱帯地方の気温の低下と，ヨーロッパの気候の温暖化がもたらされる。つまり，水が地球を循環することによって，地球全体の気候を緩和している。

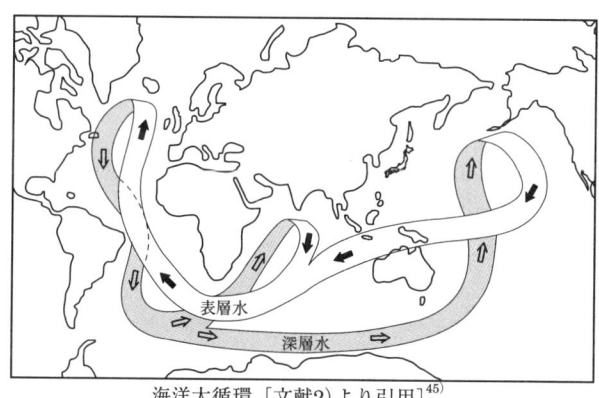

海洋大循環［文献2）より引用］[45]

　例えば，秋から冬にかけて水面が0℃以下に冷却されると水表面に氷ができる。この氷塊は水表面に浮き，次第に厚い氷へと成長していく。もし，氷の密度が水の密度より大きければ，水表面に形成された氷は次々に沈み，水底に蓄積され続けるので，地球上の氷の量は現在よりはるかに多くなると考えられる。また，水底に沈んだ氷は夏になっても暖かな外気にさらされないので，融けにくくなる。その結果，氷の量は次第に増加し，最終的には水域全体が凍結する。

ポイントその5

水と空気の密度

淡水の密度は図Aに示すように4℃で最大(ρ =1.000g／cm^3)であり、それより、高くても低くても密度は小さくなる。また、海水中にはさまざまな無機塩類（例えば塩NaClやマグネシウムMg、ナトリウムNaなど）が含まれているので海水の密度は淡水より大きい。また、洪水時の河川水のように土砂が含まれる水の密度は通常の河川水より大きい。

一方、大気の密度は気温が高いほど、気圧が小さいほど、小さくなる。

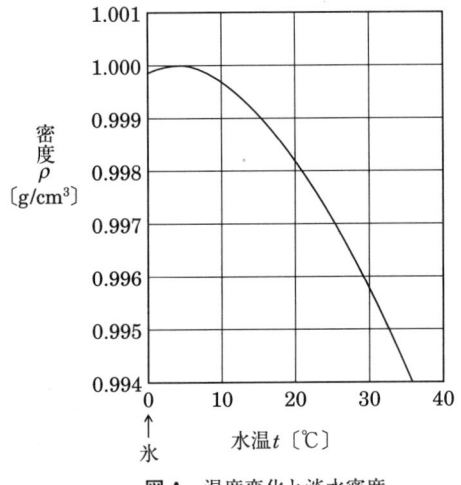

図A　温度変化と淡水密度

つまり、地球は「水惑星」ならぬ「氷惑星」となってしまうと考えられる。

放射収支へ与える水の役割　水が蒸発すると気体である水蒸気になる。水蒸気は太陽の光はほとんど透過するが、熱をよく吸収する性質をもっている。この水蒸気の大気を暖める性質が地上環境を温

ただし，地上近傍では気圧はほぼ一定（ほぼ1気圧）と見なせるので，気温が高いほど，大気の密度は小さいと考えてよい。

密度成層と安定度

上層の流体の密度が下層の流体の密度に比較して小さい場合，**成層化**しているという（図B1参照）。この場合，微小流体塊を上下に移動させると，浮力の効果によって元の位置に戻ろうとする。このような成層を**安定成層**といい，上下層の混合は生じにくい。

一方，上層の流体の密度が下層の流体の密度に比較して大きければ，自然に上層の流体は下層に，下層の流体は上層に移動して，上下層は混合する。このような成層を**不安定成層**という（図B2参照）。

なお，図Bは水域の水温が4℃より高い場合の安定成層と不安定水層の水温分布と密度分布を示している（4℃より水温が高ければ，水温が高いほど密度は小さい）。

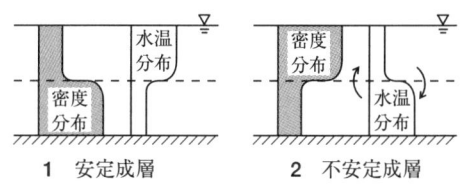

1　安定成層　　　2　不安定成層

図B　安定成層と不安定成層

暖なものとすることに大きく寄与している。

現在，地球上に多種・多様な生命が宿り，人類が繁栄を極めているのは，以上に述べるような水のもつ特殊な性質によるところが大きい。

環境判定指標と環境基準

ここでは，水域と大気および土壌・地下水の環境判定指標と環境基準について述べる。

水域の水質判定指標と環境基準　水質の判定のための項目は数多くあるが，ここではその代表的なものについて説明する。

①**水温・塩分・透明度・濁度・色度・大腸菌群数**：水質の基礎データである。

②**pH**：pHは水素イオンH^+の濃度を表す指標であり，酸性・アルカリ性の尺度となる。pH＞7でアルカリ性，pH＝7で中性，pH＜7で酸性と定義される。

③**SS**：水中に含まれる単位体積当たりの浮遊物質の量。

④**溶存酸素DO**：水中に含まれる単位体積当たりの酸素量。DO値が一定値以下になると酸素呼吸する生物は生存できなくなる。

⑤**生物化学的酸素要求量BOD・化学的酸素要求量COD**：水中の有機物量の指標として用いられる。BODは河川の汚濁の指標，CODは湖沼・海域の汚濁の指標として使用される。

⑥**クロロフィル**：すべての植物プランクトンはクロロフィルを含有するのでその存在量は水域の植物プランクトン量の指標となる。

⑦**全リン・全窒素**：リンや窒素は生物の主要な構成元素であり，さまざまな化合物として，水中に存在している。また，全リン・全窒素はさまざまな形態のリン・窒素の存在量の合計であり，水域の富栄養化の指標となる。

水質の汚染を防ぎ，自然環境を保全するために水質基準が設けられている。水質基準のなかで，良好な生活環境を保つために設定された環境基準を**生活環境項目**とよんでいる。生活環境項目では水域

を，河川・湖沼・海の水域に分けてpH・BOD・COD・SS・DO・大腸菌群数の環境基準が定められている（詳細は他書参照）。

一方，水域の重金属・化学物質などの有害物質の，人の健康を保護するために設けた基準を**健康項目**とよんでいる。表1-1は水域の健康項目の環境基準の事例を示している。

表1-1 人の健康に関わる環境基準（健康項目）[1]

項目	シアン	アルキル水銀	有機リン	カドミウム	鉛	クロム（六価）	ヒ素	総水銀	クロム
基準値	検出されないこと	検出されないこと	検出されないこと	0.01 ppm 以下	0.1 ppm 以下	0.05 ppm 以下	0.05 ppm 以下	検出されないこと	2 ppm 以下

大気中の有害微量ガスと環境基準　大気の主成分は窒素［78％］・酸素［21％］であり，その他にアルゴン・二酸化炭素・水蒸気などが含まれている。これ以外に大気中には，主として人工的発生源より発生する多種の有害物質や有害微量ガスが含まれている。表1-2は**有害微量ガス**とそれがもつ環境上の性質について示している。なお，同表中の環境上の性質については第2章を参照されたい。

また，表1-3は各種ガスの大気汚染に関する環境基準を示す（同図でppmは微小濃度を表すための単位であり，1ppmは単位体積当たり，100万分の1の存在量があることを意味している）。

ところで，人間活動によってさまざまな**有害化学物質**が多量に大気中に排出されている。これらの有害化学物質は，大気中に浮遊する間に物理・化学的に変化するとともに，一部は重力で沈降し，また，一部は降雨に取り込まれて地表に達する。前者を**乾性降下物**，後者を**湿性降下物**とよんでいる。このように，有害化学物質が大気中から降下するとき大気は浄化されるが，水域や地中の環境にとっては汚染の原因となる。

なお，図1-4に示すように大気圏に排出された汚染物質の一部は

表1-2 大気中の微量ガス成分と環境上の性質[2)]

微量成分ガス	環境上の性質
一酸化炭素	酸素欠乏
二酸化炭素	温室効果
メタン	温室効果
亜酸化窒素	温室効果
六フッ化イオウ	温室効果
ヒドロフルオロカーボン（HFC）	温室効果
パーフルオロカーボン（PFC）	温室効果
ヒドロクロロフルオロカーボン（HCFC）	オゾン層破壊 温室効果
クロロフルオロカーボン，別名フロン（CFC）	オゾン層破壊 温室効果
二酸化イオウ，三酸化イオウ（まとめてイオウ酸化物）	酸性雨
一酸化窒素，二酸化窒素（まとめて窒素酸化物）	酸性雨
硫酸	酸性雨
硝酸	酸性雨
硫酸アンモニウム	酸性雨
硝酸アンモニウム	酸性雨
光化学オキシダント	光化学スモッグ
アクロレイン	光化学スモッグ
アセトアルデヒド	光化学スモッグ
ホルムアルデヒド	光化学スモッグ
ベンゼン	発ガン性
トリクロロエチレン	発ガン性
テトラクロロエチレン	発ガン性
ベンゾピレン	発ガン性
3-ニトロベンズアントロン	変異原性
ダイオキシン	発ガン性など

汚染源の近距離に落ち（**近距離輸送**という），残りは遠距離に輸送される（**遠距離輸送**という）。遠距離輸送された汚染物質の一部は地球全体に拡がることになる。各種汚染化学物質のうちカドミウム・鉛・バナジウムの場合は乾性降下物もしくは湿性降下物として大気中からの汚染の割合が高い。特に鉛の場合の割合は70％を越えている。

表 1-3　大気汚染に関わる各種ガスの環境基準[2]
（平成8年環境庁告示73, 74, 平成9年環境庁告示4による）

物　質	環境基準
一酸化炭素	1時間値*の1日平均値が10ppm以下，かつ1時間値の8時間平均値が20ppm以下
二酸化イオウ	1時間値の1日平均値が0.04ppm以下，かつ1時間値が0.1ppm以下
二酸化窒素	1時間値の1日平均値が0.04〜0.06ppmまでのゾーン内またはそれ以下
光化学オキシダント	1時間値が0.06ppm以下
ベンゼン	1年平均値が0.003mg/m^{3}以下
トリクロロエチレン	1年平均値が0.2mg/m^{3}以下
テトラクロロエチレン	1年平均値が0.2mg/m^{3}以下
浮遊粒子状物質** （炭素C，塩分NaCl 土ほこり，その他）	1時間値の1日平均値が0.10mg/m^{3}以下，かつ1時間値が0.20mg/m^{3}以下

(注)　＊1時間値とは，1時間の間に測定したデータの算術平均の値。
　　＊＊大気中に浮遊する粒子状物質で，粒子の直径が10μm以下のもの。
　　　　ガスではないが，大気汚染防止法で規制される。

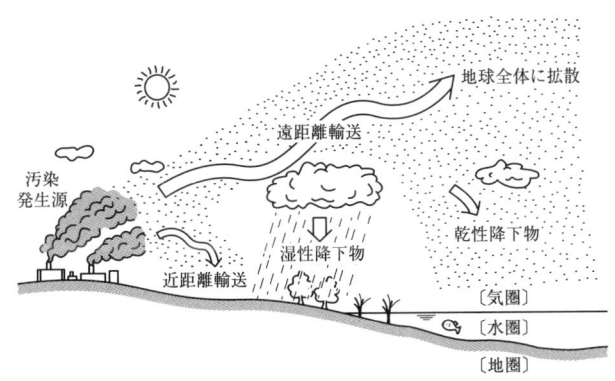

図 1-4　大気圏に放出された汚染物質の移動[2]

土壌・地下水の汚染物質と環境基準　土壌・地下水の健康項目に関する環境基準，つまり，重金属・化学物質などの環境基準をそれぞれ表1-4，表1-5に示す。わが国では現在でも生活用水の25％

表1-4　土壌環境基準[3]

項　目	環境上の条件
カドミウム	検液1lにつき0.01mg以下であり，かつ農用地においては米1kgにつき1mg未満であること
全シアン	検液中に検出されないこと
有機リン	検液中に検出されないこと
鉛	検液1lにつき0.01mg以下であること
六価クロム	検液1lにつき0.05mg以下であること
ヒ素	検液1lにつき0.01mg以下であり，かつ農用地(田に限る)においては，土壌1kgにつき15mg未満であること
総水銀	検液1lにつき0.0005mg以下であること
アルキル水銀	検液中に検出されないこと
PCB	検液中に検出されないこと
銅	農用地(田に限る)において土壌1kgにつき125mg未満であること
ジクロロメタン	検液1lにつき0.02mg以下であること
四塩化炭素	検液1lにつき0.002mg以下であること
1,2-ジクロロエタン	検液1lにつき0.004mg以下であること
1,1-ジクロロエチレン	検液1lにつき0.02mg以下であること
シス-1,2-ジクロロエチレン	検液1lにつき0.04mg以下であること
1,1,1-トリクロロエタン	検液1lにつき1mg以下であること
1,1,2-トリクロロエタン	検液1lにつき0.006mg以下であること
トリクロロエチレン	検液1lにつき0.03mg以下であること
テトラクロロエチレン	検液1lにつき0.01mg以下であること
1,3-ジクロロプロペン	検液1lにつき0.002mg以下であること
チウラム	検液1lにつき0.006mg以下であること
シマジン	検液1lにつき0.003mg以下であること
チオベンカルブ	検液1lにつき0.02mg以下であること
ベンゼン	検液1lにつき0.01mg以下であること
セレン	検液1lにつき0.01mg以下であること

に地下水源を利用している。このため，水源の水質保全のために，健康項目の環境基準とは別に表1-5に示すような地下水の要監視項目が設けられている。

水域の有機汚染

「化学的汚染と有機汚染」の節に述べたように，水域に植物や植物プランクトンの主たる栄養源となる窒素やリンなどの**無機栄養塩**が過剰に供給されることを，水域が**富栄養化**するという。水域が富

表 1-5　地下水環境基準[3)]

健康項目（26項目）

項　目	基準値〔mg/l〕以下	項　目	基準値〔mg/l〕以下
カドミウム	0.01	1, 1, 1-トリクロロエタン	1
全シアン	検出されないこと	1, 1, 2-トリクロロエタン	0.006
		トリクロロエチレン	0.03
鉛	0.01	テトラクロロエチレン	0.01
六価クロム	0.05	1, 3-ジクロロプロペン	0.002
ヒ素	0.01	チウラム	0.006
総水銀	0.0005	シマジン	0.003
アルキル水銀	検出されないこと	チオベンカルブ	0.02
PCB		ベンゼン	0.01
ジクロロメタン	0.02	セレン	0.01
四塩化炭素	0.002	硝酸性窒素, 亜硝酸性窒素	10
1, 2-ジクロロエタン	0.004	フッ素	0.8
1, 1-ジクロロエチレン	0.02	ホウ素	1
シス-1, 2-ジクロロエチレン	0.04		

要監視項目（22項目）

項　目	指針値〔mg/l〕以下	項　目	指針値〔mg/l〕以下
クロロホルム	0.06	EPN	0.006
トランス-1, 2-ジクロロエチレン	0.04	ジクロルボス（DDVP）	0.008
1, 2-ジクロロプロパン	0.06	フェノブカルブ（BPMC）	0.03
p-ジクロロベンゼン	0.3	イメプロベンホス（IBP）	0.008
イソキサチオン	0.008	クロルニトロフェン（CNP）	―
ダイアジノン	0.005	トルエン	0.6
フェニトロチオン（MEP）	0.003	キシレン	0.4
イソプロチオラン	0.04	フタル酸ジエチルヘキシル	0.06
オキシン銅（有機銅）	0.04	ニッケル	―
クロロタロニル（TPN）	0.05	モリブデン	0.07
プロピザミド	0.008	アンチモン	―

〔注〕クロルニトロフェン，ニッケル，アンチモンは，毒性についての定量的評価が定まっていないことから，指針値が削除されている。

　栄養化すると栄養塩によって植物プランクトンが異常増殖し，悪臭などの原因となる。これを**有機汚染**と呼んでいる。

　有機汚染の最大の原因となるのは**尿尿**や**生活排水**などに含まれる有機物である。これらの有機物は，かつては肥やしとして畑に返され，作物の栄養源として利用されていた。つまり人間活動によって発生した有機物は身近なところで循環していた。また，自然環境中

ポイント その6

各種有害物質の用途と毒性

環境保全のために規制対象となっている主な物質の用途と人体への毒性について下表にまとめて示す。なお，表中の重金属および揮発性有機化合物については第2章を参照されたい。

規制対象物質(28項目)の主な用途と人への毒性 ［文献69)に一部加筆］[3)]

物質名	分類	主な用途	人への毒性
カドミウム	重金	電気めっき，顔料，合成樹脂安定剤	悪心，嘔吐，腎障害など
全シアン	重金	金属の表面処理，電気めっき	麻痺，けいれん，呼吸困難など
有機リン(農薬)	重金	殺虫殺菌剤，触媒	頭痛，嘔吐，意識障害など
鉛	重金	蓄電池電極，顔料	貧血，嘔吐，頭痛など
六価クロム	重金	金属仕上げ，めっき	皮膚障害，肝・腎障害，呼吸障害など
ヒ素	重金	触媒，脱硫剤	悪心，皮膚の変色，肝障害など
総水銀	重金	温度計,乾電池,電極,義歯	神経障害，腎障害など
アルキル水銀	重金	農薬	神経障害
銅	重金	電線，鋳物	皮膚炎など
セレン	重金	ガラス，半導体材料，顔料，塗料	吐き気，皮膚障害など
PCB	重金	トランス，コンデンサ	倦怠感，しびれなど
チラウム(農薬)	重金	殺菌剤，防かび剤	頭痛，皮膚障害，腎障害など
シマジン(農薬)	重金	除草剤	発がん性の疑い
チオベンカルブ(農薬)	重金	除草剤	—
ジクロロメタン	揮有	溶剤，冷媒	麻酔作用など
四塩化炭素	揮有	フロンガス製造，溶剤，消火剤	麻酔作用，頭痛，嘔吐など
1,2-ジクロロエタン	揮有	合成樹脂原料，溶剤，洗浄剤	頭痛，吐き気，肝・腎障害など
1,1-ジクロロエチレン	揮有	合成樹脂原料	肝機能障害，頭痛など
シス-1,2-ジクロロエチレン	揮有	溶剤	麻酔作用など
1,1,1-トリクロロエタン	揮有	金属脱脂洗浄，溶剤，ドライクリーニング	麻酔作用，肝障害
1,1,2-トリクロロエタン	揮有		発がん性の疑い
トリクロロエチレン	揮有	金属脱脂洗浄，溶剤	頭痛,吐き気,肝障害など
テトラクロロエチレン	揮有	ドライクリーニング，脱脂洗浄	頭痛,吐き気,肝障害など
1,3-ジクロロプロペン(農薬)	揮有	土壌改良剤，殺虫剤	肝・腎障害の疑い
ベンゼン	揮有	溶剤	めまい，頭痛，嘔吐など
硝酸性窒素，亜硝酸性窒素	—	肥料，畜産排水	乳幼児の酸素欠乏症など
フッ素	—	防錆剤,歯科用化合物原料	皮膚障害，呼吸器障害など
ホウ素	—	脱酸剤	胃腸障害，皮膚障害など

［注］ 分類の欄で，重金：重金属，揮有：揮発性有機化合物を意味する。分類は，土壌・地下水汚染に係る調査・対策指針運用基準(環境庁水質保全局編，1999)による。表中で全シアン・有機リン・PCB・チラウム・シマジン・チオベルカンプは重金属ではないが，手法の区分から重金属に分類している。

に放出された有機物も他の生物の餌となったり，好気性微生物により分解・浄化され，有機汚染が問題となることはなかった。近年では，生活の快適さを求めた結果，屎尿や生活排水が自然の浄化能力を大きく上回る量で水域に放出されるようになり，有機汚染がしばしば社会問題となっている。以下に，有機汚染問題についてより詳しく述べる。

成層化した水域の有機汚染　有機汚染は太陽光で夏期に湖沼などの水域の上層が暖められ，上層は暖かく密度の小さい水塊，下層は冷たく密度の大きな水塊からなっているとき，つまり，**安定成層**が形成されているとき深刻化する（ポイントその5参照）。ここでは，成層化している水域の**有機汚染問題**を，①**表層**，②**深水層**，③**底泥**に分けて論ずる（図1-5参照）。

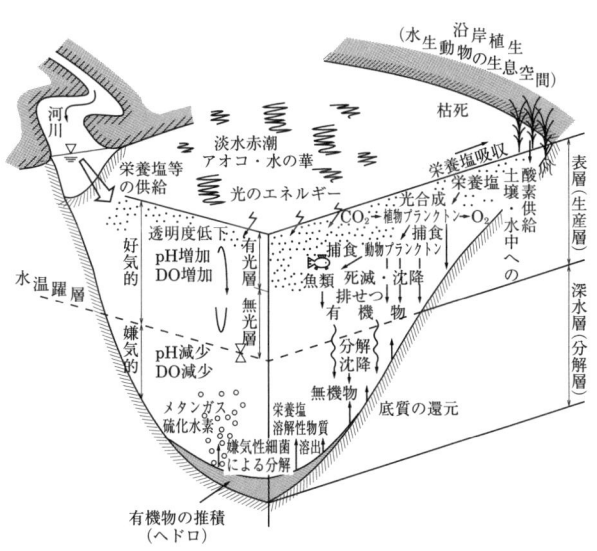

図 1-5　富栄養化した成層水域で生ずる水質現象[1)]

①表層：表層とは水表面近傍の水温が高く，太陽光の届く層（**有光層**という）である。そこでは，太陽光を利用して**植物プランクトン中のクロロフィル**による**光合成**が活発に行われる。また，水域内に流入する窒素やリンなどの栄養塩を植物プランクトンが吸収して増殖する。水温が高いことも植物プランクトンの増殖を促進する。

水域で植物プランクトンが異常増殖すると，水の透明度が低下したり，悪臭発生の原因となる。つまり，有機汚染が生ずる。また，光合成によって水中の二酸化炭素は消費されて減少するとともに酸素が生産されるので水中の酸素濃度（DO値）は増加する。

②深水層：深水層とは水域の深い部分であり，そこには太陽の光が届かない。つまりクロロフィルによる光合成が不可能であるので，植物プランクトンは存在できない。また，深水層には表層で増殖した植物・動物プランクトンなどの**生物の死骸**や**排泄物**（デトリタスという）などの有機物が沈降してくる。有機物はそこで好気性微生物によって無機物に分解され，そのとき水中の酸素が消費される。したがって，深水層は貧酸素化しやすくなり，それが進行すると無酸素状態となり，魚介類は生存できなくなる。

③底泥：貧酸素状態の深水層に底泥が長期間さらされると**嫌気性微生物**により底泥の有機物が分解される。そのとき**メタンガス**や**硫化水素**が発生し，また，土粒子に吸着している栄養塩も水中へ溶出するようになる（そのメカニズムについては他書参照）。また，表層から沈降する有機物の蓄積の結果，富栄養化した水域の水底には**ヘドロ**が形成される。

有機汚染による水質障害　有機汚染された湖沼・貯水池では水の透明度の低下や変色が観察される。また，このとき異常増殖した植物プランクトンが緑色や褐色の固まりとなって水面に薄皮状に拡がる現象が見られる。これを**水の華**という。霞ヶ浦などで大増殖する

ポイント その7

好気性微生物と嫌気性微生物

　酸素が存在する条件下でのみ生存できる微生物を**好気性微生物**，酸素が存在しない場で生存できる微生物を**嫌気性微生物**とよぶ。嫌気性微生物のうち，酸素があれば酸素呼吸を行う微生物を**通性微生物**とよぶ。酸素濃度20％の通常の大気の条件から酸素濃度が1％の条件での好気性微生物の存在割合は90％を超える。しかし，1％より酸素濃度が低くなると嫌気性微生物の存在割合が急激に高くなる。

　有機物は微生物によって，酸素が十分に存在する条件下では好気性微生物によって二酸化炭素まで分解され，このとき酸素が消費される。酸素がない条件下では嫌気性微生物によって窒素ガスやメタンなどが発生すると共に，有機物の分解は二酸化炭素まで進行せず，酢酸などの有機酸が蓄積する。

のは**ミクロキスティス**とよばれる植物プランクトンであり，水面に青い粉が吹いたようにみえるので**アオコ**とよばれ，水の華の代表例である。また，アナベナとよばれる植物プランクトンが多量発生すると水面が赤褐色もしくは褐色に着色される。これは，水の華と区別して淡水赤潮とよばれる。**淡水赤潮**は洪水時に多量の塩養塩が洪水などにより流域から多量に流入した時などに一時的に発生する。ところで，一般の湖沼では植物プランクトンの増殖に必要なさまざまな栄養塩の中でリンが不足しやすく，植物プランクトンの存在可能量を定める栄養塩となっていることが多い（**制限栄養塩**という）。したがって，湖沼の全リン濃度を水域での有機汚染の指標とすることがよく行われている。

　一方，わが国の海域の水質問題のほとんどは夏期における内湾の有機汚染問題である。内湾では入り口が狭いため，外洋水との交換が小さく，湾内に流入した栄養塩によって富栄養化しやすい環境と

ポイント その8

東京湾の青潮被害

東京湾の青潮は秋口によく発生することが知られている。これは夏に東京湾上を吹いている南風が秋口に北風に転じると，表層水が風によって南下し，その補償流として無酸素の底層水が湧昇するためであると考えられている（図参照）。

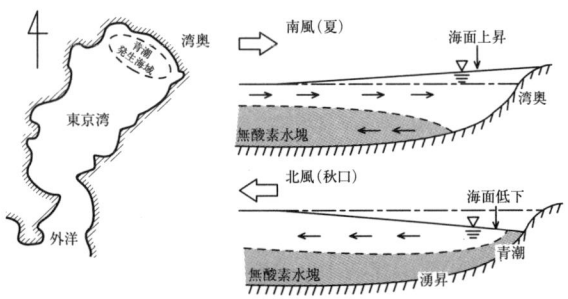

東京湾の青潮の発生メカニズム[1]

紅海の名前の由来

紅海（アラビア半島とアフリカの間の海）という名前は赤潮に由来しているといわれる。つまり本来，海域の富栄養化による有機汚染は自然現象の一つである。しかし，近年の赤潮は屎尿や生活排水などの放流によって過剰な栄養塩が海域に流入して頻繁に発生し，養殖魚の大量へい死など，漁業に被害を与えるため，大きな社会問題となっているのである。

なっている。それによって湾内の植物プランクトンが異常に増殖すると，海水が赤褐色に変色する。これを**赤潮**という。赤潮が発生すると植物プランクトンが魚介類のえらにつまるなどの原因により漁業被害が発生する。

ところで，夏期に海水域が安定成層化すると，湖沼と同様に有機汚染によって深層水は貧酸素化し易くなる。このとき深層水の貧酸素化した水塊には硫化水素が溶出しており，白乳色あるいは青緑色となっている。この貧酸素水が沿岸部に湧昇すると**青潮**とよばれる水質汚染現象が生ずる。青潮が発生すると，魚介類が呼吸できず死滅し，漁業被害が発生する（ポイントその8参照）。

第2章

さまざまな環境問題

本章では近年, 社会問題となっている環境問題を水域の環境, 大気圏の環境, 地下・土壌圏の環境に分類して, それぞれの概略について述べる。

水域の環境

ここでは水域の環境問題を「貯水池・湖沼」,「河川」,「海岸・海洋」に分けてより具体的に述べる。

貯水池・湖沼の水環境　湖沼・貯水池は水資源や水産資源を通してわれわれの生活に密接に関連している。また，心安らぐ景観を与え，かつ，レクレーションの場として重要である。ここでは，貯水池・湖沼の水環境とその保全について述べる。

[1] 水温成層の季節・日変化

湖沼・貯水池内の水は停滞しているので河川とは異なる特性をもっている。湖沼・貯水池では夏期に太陽光によって水表面近傍が暖められるので水面に近いほど水温が高くなり安定成層が形成される（**夏成層**と呼ばれる，この成層は7～8月頃に最も強くなる）。一方，秋から冬にかけての季節は水表面から冷却されて水表面近傍の水の密度が大きくなるので成層は不安定となり上下層が混合される。

また，水温4℃以下にまで冷却される寒冷地の湖（**温帯湖**という）では，冬季に上層水が下層水より温度が低いにも関わらず安定成層が形成される（**冬成層**とよばれる，4℃の水の密度は最大となることが原因である。ポイントその5参照）。つまり，温帯湖では年2回安定成層の形成と不安定性層の形成に伴う上下層混合が生ずる。

ところで，季節変化よりもスケールは小さいが，1日の間でも水温変化が生ずる。つまり，日中には太陽からの熱を受けて安定成層が形成され，夜間には水面からの放熱によって成層が不安定となり，上下層の混合が生ずる。

[2] 湖沼・貯水池の成層化と水環境

湖沼の季節や1日の成層の形成が水域の流動や水環境に及ぼす影響は大きい。例えば，安定成層が形成されている夏期に貯水池に小

規模の洪水の河川水が流入する場合を考える。このときの河川水には土砂が混入しているので，その密度は貯水池の上層の水より大きく，下層の水より小さいことが一般的である。したがって，河川水は貯水池の中間層へ侵入する。これによって，貯水池の水の透明度が低下するとともに，下層水への太陽光の入射を妨げられる。その結果，下層水中の植物プランクトンの光合成が妨げられるので貧酸素化が促進される。一方，土砂粒子とともに流入する塩養塩によって上層の植物プランクトンは増殖するので富栄養化の原因となる。このように，洪水時の濁った河川水の流入は水域の水質悪化の原因となるので，その水塊を選択して速やかに湖沼より外部へ排出することが水質保全のために必用である。

　また，夏期に貯水池内に安定成層が形成されるとき，下層の冷水を取水して農業用水に使用すると農業に冷水害がもたらされる。このため，農業用水としては暖かい上層水のみを取水する必用がある。この様な安定成層化した水域から目的とする密度の水塊のみを選択して取水する技術を選択取水とよび，環境対策上の重要な技術である。

[3] **自然界における湖沼の水質変化**

　自然界では，地上の落葉・落枝などの有機物は土壌微生物によって無機栄養塩に分解されるとともに，降雨によって水域に流入する。例えば，湖沼は図2-1に示すように長い年月をかけて富栄養化する。つまり，火山の噴火などによって形成された初期の段階の湖沼は，貧栄養状態となっている（**貧栄養湖**という）。その後，徐々に栄養塩が流入して植物プランクトンが増殖し時間経過とともに**中栄養湖**，さらには**富栄養湖**に至る。また，植物プランクトンや動物プランクトンの死骸や河川から流入した泥によって推積が進行し，水深が浅くなる。

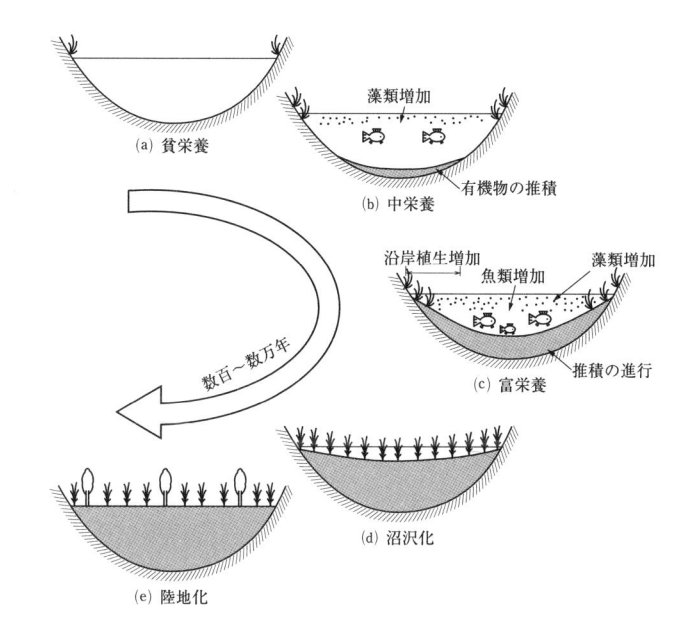

図 2-1 自然状態において進行する湖沼の富栄養化［文献1)より引用］[70]

　浅くなった水辺では大型植生が増えて，さらに有機物の推積が進行するので，ついには植生が水域の全面を覆って沼沢化した後，最終的には**陸地**となる。このような湖沼の自然界における富栄養化とそれに伴う陸地化は数百年〜数十万年の年月を要して進行する。したがって，自然界には貧栄養から富栄養のさまざまな状態の貯水池が存在する。

　近年，社会問題となっている富栄養化に伴う有機汚染は，湖沼・貯水池の自浄能力を超える無機栄養塩が流入することによって，自然界では長い年月を要して進行する水域の富栄養化が，わずか数年〜数十年で進行することが問題となっているのである。

ポイント その9

浄水施設と有機汚染

　水道水を得るための浄水施設では、まず、河川や湖沼の水を沈殿池に導く。そこで凝集剤を加え、浮遊物質を凝集させて沈殿させる。その後、ろ過池で砂層を通してろ過した上で塩素殺菌して水道水とする。

　水道水源となる河川や湖沼水に植物プランクトンが異常増殖していると、①植物プランクトンがろ過池砂層に詰まる、②植物プランクトンが多い水はアルカリ性となるので、凝集剤の効果が弱くなる（他書参照）、③植物プランクトンの発する異臭を防止するために塩素添加量を増量する必要がある（水道水が塩素臭くなる）、などのトラブルが発生する。

水の塩素消毒のあり方

　水道水には殺菌のために塩素が添加される。この塩素とある種の有機物が反応すると発ガン性の**トリハロメタン**とよばれる物質が生成されることが知られている。特に、有機汚染のひどい原水を使用するとトリハロメタンが生成されやすい。家庭で水道水のトリハロメタンを除去するためには数分間煮沸するとよい。

　わが国の水道法では水道水の殺菌を十分なものとする目的で、水道水中の塩素濃度（**残留塩素**という）が 0.1mg／l 以上であることを義務づけている。しかし、ヨーロッパ諸国ではトリハロメタンの生成量を制限するために、残留塩素濃度の上限値を設けて減らす傾向にある。

[4] 湖岸の植物と水域環境および水質浄化作用

　水辺の植物は図2-2に示すように、水辺の林である**水辺林**、湿った場所に育つ**湿生植物**、水底の土に根をはり、茎や葉を水面より上に伸ばす**抽水植物**、水底の土に根をはり、葉を水面に浮かべる**浮葉植物**、水底に根をはり、茎や葉が水中に沈んで生活する**沈水植物**、根が底土に達せず水中に垂れ下がって全体が水面に浮き漂う**浮標植物**、に分類できる。

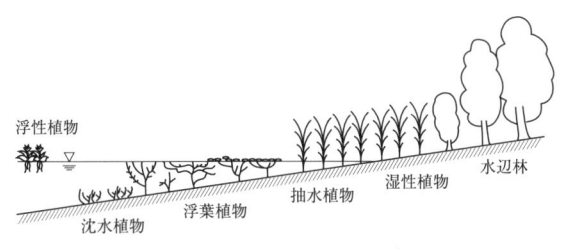

図 2-2 水辺の植生群落[1]

　このように湖岸の水辺は植物の形態が多様に変化し，さまざまな生物の生活空間・産卵場・営巣場となるとともに，次のような水質浄化機能をもっている。

　①植物が光合成を行うとき発生する酸素が根や茎を通して水中および土中に供給される。これによって微生物が活性化し，有機物の無機物への分解が促進される結果，水質が浄化される。なお，水辺のヨシはこれによる水質浄化効果が強いとされる。

　②植物の成長のために水中の富栄養化の原因となる無機栄養塩が吸収される。これによって水質が浄化される。

　③植物が多い水域の流速は遅いので有機物や懸濁物質（無機栄養塩が付着している）は沈降し，堆積する。また，植物に水中の有機物を分解する微生物が付着しやすい。これによって水質浄化効果がもたらされる。

　水辺の植物はこのような水質浄化効果をもっているが，このとき水質汚染物質が水域から除去されたのではなく，無機栄養塩・植物体・堆積物などに形を変えたに過ぎないことに注意する必要がある。また，植物の成長によって水域から除去された無機栄養塩は，秋になって植物が枯れると微生物によって分解され，再度，水域に返されることになる。したがって，水生植物が最も成長したときに

刈り取って湖外へ除去すれば抜本的な水質浄化となる。なお，水域の有機汚染が極度に進むと沿岸植物がダメージを受けて急減し，アオコなどが大増殖して有機汚染がさらに進行するようになる。

今日では，このような植生の水質浄化効果に着目して，例えば，諏訪湖・霞ヶ浦・琵琶湖などでは，沿岸部のヨシ（アシ）帯の保全を計っている。また，琵琶湖では毎年ヨシ刈りが行われ，刈り取ったヨシは焼却されている。これによって湖から栄養塩が削減され，また，ヨシの新芽の成長を促し，健全なヨシ帯の保全を図ることができる。

ところで，近年，汚水を水生植物群落の中に流して水質浄化効果を計ろうとする試みが多く行われている。実験によれば，植物の種類にもよるが，生活排水を水生植物群落の中にわずか数日滞留させるだけでかなり高い水質浄化効果が得られている。ただし，質浄化効果が大きいとされるホテイアオイでも人間一人あたりに発生する屎尿に含まれる有機物の分解に$10m^2$程度の群落面積を必要とするとされている。

一方，水生植物は水質浄化効果やそこにすむ豊かな生物が価値を有するのみならず，波や潮流による浸食作用から湖岸を守る防災機能や水域と陸域の視覚的アクセントとなる景観機能などを併せもっていることにも着目し，その保全・育成を図る必要がある。

河川の水環境　陸域の水は地球全体の水のわずか約3.5％であり，また，そのほとんどは氷河・永久雪氷と地下水である。一方，河川水の陸域水分に占める割合はさらにわずかであるが（約0.004％），河川への流入から海域への流下までに要する時間は短いので，それによる輸送量は大きい（陸域での降水全体の約35％）。また，河川水は水の直接の利用のみならず，地形の高低差を利用して発電したりするなど，われわれにとって最も有用な水である。また，川は，

山から流れ出し，その姿をさまざまに変化させながら海に注ぐ。そこにさまざまな生物が生息し，人々の生活もこれに大きくかかわっている。ここではこのように多様な姿をもつ河川の水環境について述べる。

[1] 瀬・淵・ワンドと水環境

河川は平野部では一般に曲がりくねって流れている（蛇行しているという，図2-3参照）。このとき，曲がりの外側は流れが速く，浸食されて水深が深くなる（ここを**淵**という）。一方，内岸側は堆積によって水深が浅くなる（ここを**瀬**という，図2-3，2-4参照）。この蛇行や瀬と淵の形成によって河川の空間が多様なものとなり，さまざまな生物に生息可能な場所を提供している。

また，瀬には流れの速い**早瀬**と，流れの遅い**平瀬**がある。早瀬は流れが速いので細かな土砂が流され，河底の石は大きいものとなる。それらの石の間隙には水生昆虫や付着性の藻類などが生息し，それを食物とする動物の格好の餌場になる。一方，淵は瀬から流下して

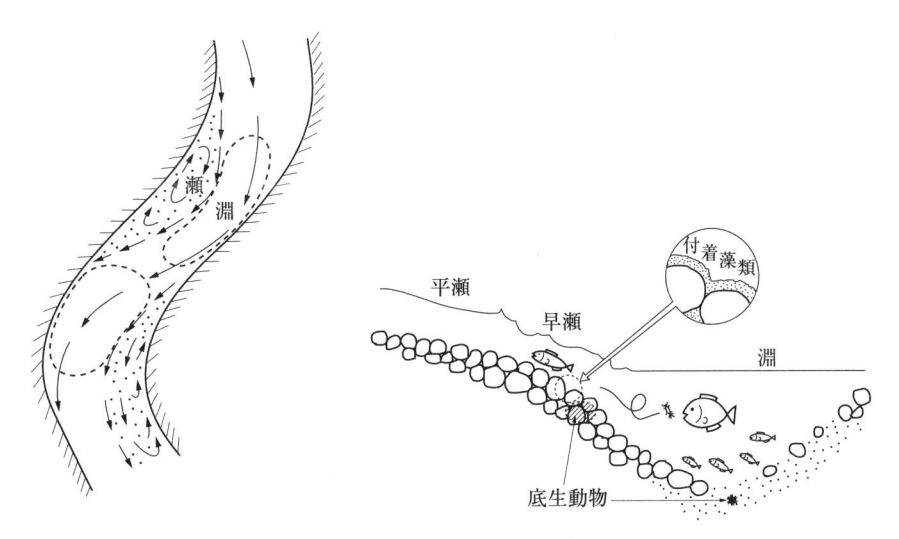

図 2-3 蛇行河川に見られる地形と流れ[1]　　**図 2-4** 瀬と淵[1]

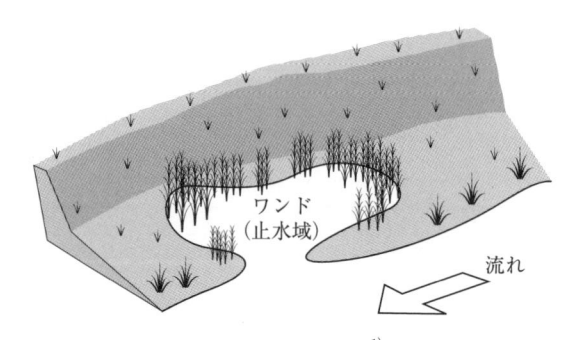

図 2-5 ワンド地形[1]

くる藻類や昆虫を餌にする動物に餌場を提供している。また淵は流れが遅いので動物の休息場所や、稚魚の生育場となっている。

ところで河川には**ワンド**とよばれる、川沿いに湾状になった地形が見られる（図2-5参照）。ワンドの中はほとんど流れがないので魚類の産卵場・本川内に生息する稚魚や仔魚の生育場・増水時（洪水のとき）の避難場となる。また、ワンドは植生の豊かな場所であり、河川環境を考える上で非常に重要な場所である。したがって、近年では美しい環境の創出と保全、豊かな生態系を育むなどの目的で人工的にワンドを造成することがよく行われる。

[2] **河川の自浄作用**

川の中を流れる有機物は、河川中の微生物によって分解されて無機物になるので、その量は流下とともに減少していく（川の**自然浄化作用**という）。この河川のもつ自然浄化能力を超える量の有機物が川に流入すると有機汚染問題がひき起こされる。

ところで、河川中では好気性微生物によって有機物が分解されるとき、酸素が消費されるので溶存酸素濃度DOは流下とともに低下する。一方、河川へは水表面を通して酸素が供給される。有機物の分解による酸素の消費量より水表面からの酸素の供給量が勝るようになると、DO値は徐々に回復する。つまり、河川中のDO値は有

> **ポイント その10**
>
> **森が育む海の豊かさ**
>
> 　河の水に含まれるカリウム・リン・窒素などの無機栄養塩はそこにすむ生物だけを養っているのみならず，それが到達する海の生物も養っている。上流に森林資源の豊富な河川には栄養塩が多く流れ込むので，その河口付近は水産物が豊富な地域が多い。最近，北海道・広島・気仙沼などの漁業の盛んな地域で漁業に携わる人々が，自ら山奥に植林をすることが報告されているのはこのためである。

機物の流入によって徐々に低下し，最低値に達したあと回復する。この，河川中のDO値が最低になるとき，その値が生物の生存可能な限界値を下回ると生態系はダメージを受ける事になる。

[3] 河川の植生と水環境

　河川中の植物は山から海に至る間に，また，河川の横断方向へも多様に変化する。例として，河川中流域の横断面内の河川の植物の分布の典型例を図2-6に示す。同図に示すように，河川中の植物は洪水によって水を被る頻度に応じて帯状に分布している。つまり，流路付近の，ある程度まとまった雨が降ると冠水する**中水敷**と呼ばれる部分では一年生草本群落が，集中豪雨や台風のときのみ冠水する**高水敷**とよばれる部分では多年生草本群落が中心となる。

　一方，河川植生の分布は空間的にのみならず時間的にも遷移する。一般に自然の状態では，**1年生草本群落→多年生草本群落→木本群落**へと時間の経過とともに遷移するが，大きな洪水に見舞われると振り出しに戻り，1年生草本群落の成長がはじまる。その他，人工的な構造物の設置や気候の変化などによっても植生の分布は大きな影響を受ける。

　また，河川中の植物群落が河川環境に与える影響は大きい。例えば，**植物群落**内では流れが遅くなるので，浮遊物質が沈殿・堆積し

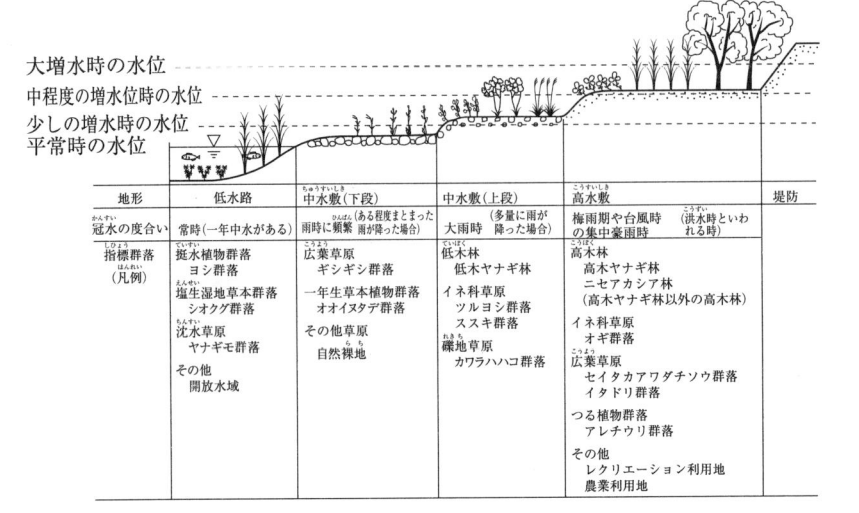

地形	低水路	中水敷(下段)	中水敷(上段)	高水敷	堤防
冠水の度合い	常時(一年中水がある)	雨時に頻繁(ある程度まとまった雨が降った場合)	大雨時(多量に雨が降った場合)	梅雨期や台風時の集中豪雨時	(洪水時といわれる時)
指標群落(凡例)	挺水植物群落 ヨシ群落 塩生湿地草本群落 シオクグ群落 沈水草原 ヤナギモ群落 その他 開放水域	広葉草原 ギシギシ群落 一年生草本植物群落 オオイヌタデ群落 その他草原 自然裸地	低木林 低木ヤナギ林 イネ科草原 ツルヨシ群落 ススキ群落 礫地草原 カワラハハコ群落	高木林 高木ヤナギ林 ニセアカシア林 (高木ヤナギ林以外の高木林) イネ科草原 オギ群落 広葉草原 セイタカアワダチソウ群落 イタドリ群落 つる植物群落 アレチウリ群落 その他 レクリエーション利用地 農業利用地	

図 2-6 河道横断面における植生配置 [文献1)より引用][21)]

やすくなる。つまり,植物群落は水質浄化効果をもっている。また,そこは魚類の産卵・休息の場となるので,多様な生態系の保全にとっても貴重な場所である。さらに,植物群落は河底に流れが及ぼす力を小さくするので,河床洗掘防止の効果がある。一方で植物群落は流れに対して抵抗となるので,河川水は流れにくくなり,洪水防止の観点からはマイナスの効果も併せもっている。

ここでは具体的に植物群落が図2-7(a)に示すように流水中に水没している場合と,図2-7(b)に示すようにその分布が横断方向に変化する場合を考える。図2-7(a)の場合は川底付近の流速が遅くなるので,浮遊物質が沈降し,また,川底からの砂や有機物の巻き上げが抑制されるので,植物群落は河川水の水質浄化効果をもっている。また,図2-7(b)の場合は植生がなく流れの速い領域(主流域という)で巻き上げられた砂や有機物などが流速の遅い植物群落域に堆積することになる。これによって主流域の水質の浄化がもたらされる。また,この場合,植物群落は河岸の**浸食防止**の役割ももっている。

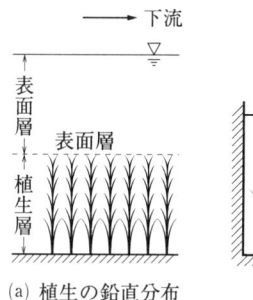

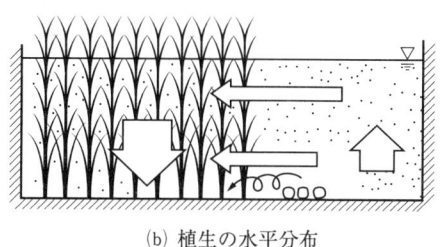

(a) 植生の鉛直分布　　(b) 植生の水平分布

図 2-7 水中植生とその効果[1]

[4] 河川の魚類・生物と水環境

　異なる河川ではもちろんのこと，同一河川でも上流と下流では魚や生物の種類が異なる。つまり，山地部の河川では昆虫を主食とする肉食魚が多く，中流部になると岩に付着している藻類を主食とする魚も生息するようになる。一方，下流域は流れが緩やかであるので泥や生物の死骸（デトリタスという）が河床に堆積されやすくなるのでデトリタスを好むイトミミズや貝類が多く生息する。したがって，逆にそこに生息する生物を調べることによって，河川の水質を知ることができる（詳細は他書参照）。

[5] 河口部の水環境

　河川の河口に近い部分は**エスチャリー**とよばれ，河川水と海水が混じり合う領域である。そこでは河川中に浮遊している微小な懸濁物質（直径数 μm 程度）が海水中に含まれる大量のナトリウムやマグネシウムイオンなどの陽イオンと接触し，凝集して百 μm 程度まで大きくなり沈降・堆積する（大きな懸濁物質ほど沈降しやすい，他書参照）。この堆積物にはプランクトンや底生生物の餌となる無機栄養塩やデトリタスが多く含まれているので，これを餌とする生物が数多く生息する場所である。ただし，塩分濃度が複雑に変化する場所であるので，生存可能な生物の種類の少ない領域でもある。

ポイント その11

ハビタット・バイオトープ・エコトープ・フィジオトープ・ビオトープ

これらの言葉は最近よく聞く。ハビタットとは個々の生物種の生息場所のことであり、バイオトープとはさまざまな生物種の地理的集合体のことである。また、河川を景観の単位ごとにとらえたものをエコトープ、エコトープの物理的側面をフィジオトープ、生物・人間的側面をビオトープとよんでいる。

近自然河川工法・近自然型護岸

「**近自然河川工法**」とは、洪水の危険性やそれに伴う構造物の安全性を考慮しつつ、河川の自然を保護・育成する工法のことである。日本では「**多自然型川づくり**」という言葉がよく使用されており、その概念は社会的コンセンサスを得つつある。つまり、河川工事において、生物の良好な生物環境を保ち自然環境を保全あるいは創出することを念頭に置き、瀬・淵・ワンドを設けて豊かで多様な生物の生息を可能とする、などを配慮する工法である。

例えば、図中に示すように近自然河川工法で護岸工事を実施する場合は、地域の環境や洪水時の流量・流速など現場の状況に応じて、①石・木材・植栽などの自然素材のみを使用して構築する（**自然型護岸**という）、②基礎となる部分は強固なコンクリート材料を使用し、外から目立つその他の部分は自然の材料でつくる（**近自然型護岸**という）、などの方法が選択される。

戦後の工業化や都市化の中で河川はコンクリートで固められ排水路と化してしまった。そして、われわれが一度忘れてしまった河川との関わりによって生ずる心のうるおいや精神的な豊かさを取り戻すために、河川の水辺の環境が注目されるようになっている。現在では豊かな河川環境を創造するために、多額の経費をかけて直線の川を蛇行させたり、巨石を河川中に配置したりするような工事が行われるようになってきている。

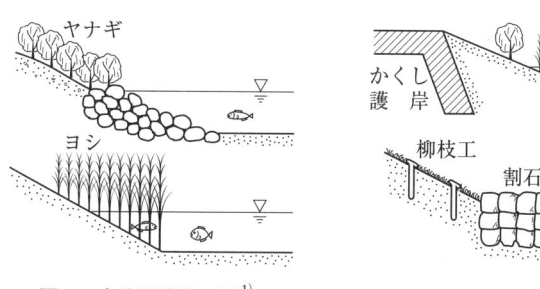

図A　自然型護岸の例[1]

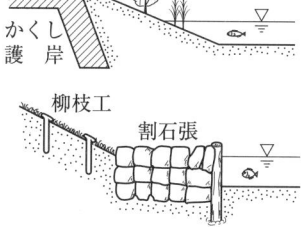

図B　近自然型護岸の例[1]

魚道の役割と種類

　堰やダムなどの川を横断して流れを遮断する構造物をつくる場合は，魚が構造物を遡上・降下できるように**魚道**を設置することが一般的である。魚道は，対象とする川に生息する魚にとって位置をつきとめやすく，魚の遡上や降下に適したものとする必要がある（図C参照）。

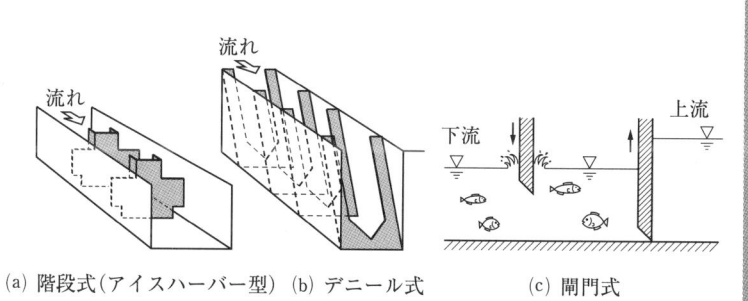

(a) 階段式（アイスハーバー型）　(b) デニール式　　(c) 閘門式

図C　魚道の代表的な形式[1]

ところで，温帯地方の河口部の河岸の植物は**ヨシ**が支配的であるが，熱帯地方では**マングローブ**とよばれる植物が多く分布している。マングローブは淡水から海水までの広い塩分範囲に対応でき，また，溶存酸素がなくても生存可能である。また，マングローブは水中の土に根を張り，いくつもに分岐して水中の土をつつみ浸食を防止するとともに，波のエネルギーを吸収して陸地を守っている。さらに，根がフェンスの役割をして捕食者を阻み，さまざまな幼生や稚魚・甲殻類にとって，条件の良い生育場となっている。

マングローブ林の保全育成は，防災的観点からも，豊かな生態系と環境を育む上でも重要であるが，近年，木炭用に伐採されたり，埋め立てて農地とされたりして消滅しつつある。しかし，マングローブの光合成速度は熱帯雨林の2倍にも達し，その保全は後述する二酸化炭素増加による地球温暖化防止の観点からも重要である。

海洋・海岸の水環境　わが国は周囲を長い海岸線で囲まれている。海は多様な生物に生息可能な環境を提供するとともに，すばらしい景観を提供する。ここでは海洋・海岸のもつ水環境とその保全について述べる。

[1] 閉鎖性内湾の水質浄化法

海岸・海洋における汚染問題は主として**閉鎖性内湾**（湾内の海表面面積に比較して湾口が小さい湾のこと，例えば東京湾など）で生ずる。つまり，閉鎖性内湾は湾口が狭いので外海から入る波のエネルギーが拡散し，湾内が静穏で良い港となる反面，外海との水の交換が少ないので汚染物質が長期間・高濃度に滞留しやすく，水質汚染の問題が生じやすい。

最も効果的な閉鎖性内湾の汚染対策は，湾内に流入する汚染物質の流入量を削減することである。1970年代初頭の高度経済成長期，東京湾の汚染は深刻な社会問題となり，「海は死んだ」と言われた。

しかし，近年の水質規制・排水規制によって水質がかなり改善されている。

それでも，東京湾では現在でも夏には**赤潮**が，秋口には**青潮**が発生し，有機汚染が続いている（赤潮・青潮については第1章参照）。この原因の一つは，過去の有機汚染が著しかった時期に，大量に海底に堆積したプランクトンの死骸などの有機物（ヘドロとよばれる）からの栄養塩の溶出（内部負荷という）である。つまり，海底に堆積したヘドロが微生物によって分解されたり，底生生物の餌となり排泄されるとき無機栄養塩となり，再び海水中に回帰すると，それが植物プランクトンの異常増殖をひき起こし有機汚染が生ずるのである。

このような底泥からの溶出による汚染を防止するためには，汚染された底泥を浚渫除去する方法と，汚染された底泥をきれいな砂で覆砂する方法がある。実験によれば浚渫する方法（**浚渫工法**）は浚渫時に底泥をまき散らすので，覆砂する方法（**覆砂工法**）の方が望ましいとされている。

[2] 干潟・湿地・浅場の水質浄化効果

海域の環境保全のためには，汚染物質の流入量を削減することが最も効果的であるが，水質浄化能力を向上させることも重要である。ここでは，海域で最も大きな浄化能力をもっている干潟・湿地・浅場の浄化機能の概略について述べる。

干潟は河口付近の満潮時に冠水し，干潮時に大気に露出する場所であり（図2-8参照），河川から運ばれた土砂や有機物が河口付近に堆積して形成される。干潟には有機物を餌とするアサリやカニ等のさまざまな生物が生息し，豊かな生態系が形成されている。また，これらを餌とする野鳥が多く集まって干潟の生物を食べ持ち去るので，干潟は海水の浄化装置として機能している。

このように干潟には豊かな自然と生態系が形成されるとともに，水質の浄化機能をもっているので，海域環境保全の観点から極めて

図2-8 干潟・浅場の概念図[1)]

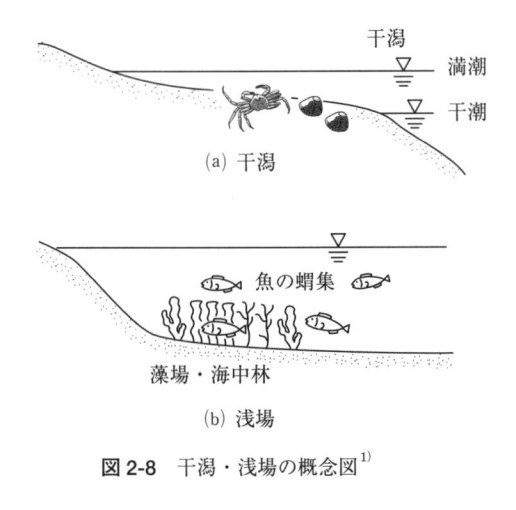

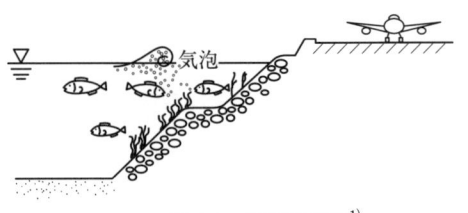

(a) 干潟

(b) 浅場

図2-9 緩傾斜護岸[1)]

重要な場所である。また，**湿地**も干潟と同様な機能をもっている（海岸地域の湿地のみならず，内陸部の湿地も同様な効果をもっている）。

一方，**浅場**は水深5～10m程度までの光が届く海域のことである。そこには藻や海草が繁茂し，それらの成長のために無機栄養塩が吸収されるので水質が浄化される（無機栄養塩が減少するので植物プランクトンの増殖が抑制される）。また，藻や海草の光合成によって酸素が放出されるので，海水中の酸素濃度が高くなる。さらに，藻や海草は魚の産卵・休息の場となる。このように浅場には

ポイント その12

ラムサール条約

　豊かな自然と水質浄化機能をもち，また，水鳥の生育地として重要な湿地や干潟の保護に関する国際条約で，ラムサール（イラン北部の町）で1971年に締結された。この条約に登録された湿地や干潟は，その保護が義務づけられる。わがが国では釧路湿原・谷津干潟等がこの条約に登録されている。

ミチゲーション

　ミチゲーションとは，湿地や干潟の開発行為による環境変化を極力小さくするとともに，その破壊の修復・補償することである。したがって，ミチゲーションを実施することとは，開発によって失われるのと同等の効果をもつ湿地や干潟を人工的に造成することである。この面での先進国である米国では，過去に消滅した湿地や干潟の修復が積極的に実施されている。

魚・貝類のすみかとして望ましい環境が形成されている。

　以上のように干潟・湿地・浅場は自然環境の豊かな場所であるが，水深が浅いので埋め立てやすいこともあって，戦後の工業化の中で埋め立てられ利用されてきた。その結果，現在では東京湾の干潟の9割が埋立地になっている。しかし近年になり，その重要性が認識され，人工干潟・人口湿地・人工浅場の造成が各地で試みられるようになってきている。例えば，図2-9は傾斜の緩い護岸（緩傾斜護岸という，関西国際空港などで採用されている）の事例を示している。つまり，緩傾斜護岸では太陽の光が届く浅い海域，つまり浅場が人工的に作られ，そこには藻や海草が繁茂し，浄化機能をもつ豊かな自然環境と生態系が形成されるのである。

[3] 外洋の水質環境

　一般に外洋では内湾と異なり，有機汚染問題はほとんど生じない。外洋における水質汚染問題のほとんどは，タンカー等の事故による油の流出・油の不法投棄・放射性物質の海洋投棄・産業廃棄物の投棄・PCBやDDTのような化学物質の海洋への流出・大型浮遊ゴミ等の拡散などである。

　これらの中でタンカー事故等による原油汚染が最も深刻な問題である。原油が海に流出すると，油特有の物理・化学・生物学的な作用を受けながら，流れによって拡がり，広大な海域が汚染される。表2-1は過去の日本および世界の大規模な石油流出事故の歴史を示している。表中に示すように1991年の湾岸戦争時の石油流出量は格段に大きい。なお，近年は二重底のタンカー建造が義務づけられるなどの石油流出防止対策がとられるようになってきている。

[4] エルニーニョ現象

　近年の地球規模の異常気象は**エルニーニョ**が主因であると言われている。エルニーニョとは数年に一度の割合でペルー沖の海水温が平年より上昇する現象であり，その原因については以下のように考えられている。

　通常，赤道付近では比較的強い東風（貿易風という）が吹いている。それによって太陽によって暖められた表層水は西向きに流れとともに，冷たい深層水はそれを償うように東向きに流れ，太平洋の東側（ペルー沖）で海表面付近に湧昇する（図2-10参照）。この湧昇水は無機栄養塩を豊富に含んでいるので，植物プランクトンが増殖する。さらに，これを餌とする動物プランクトンが増殖する。そして，動物プランクトンを餌として，魚が集まり，良い漁場が形成される。

　ところが，この平年の貿易風が数年に一度の割合で弱くなるとと

表 2-1 日本および世界の主な石油流出事故[1]

事故発生年月	場所，船名	流出量（kℓ）
1967 年 3 月	イギリス，トレーキャニオン号	原油 7 万
1974 年 12 月	倉敷市水島製油所	重油 6,000～8,000
1989 年 3 月	アラスカ，バルディーズ号	原油 4 万
1991 年 1～3 月	ペルシャ湾（湾岸戦争）	原油 100 万～130 万
1997 年 1 月	日本海，ナホトカ号	重油 6,000
1997 年 7 月	東京湾，ダイヤモンド・グレース号	原油 1,500

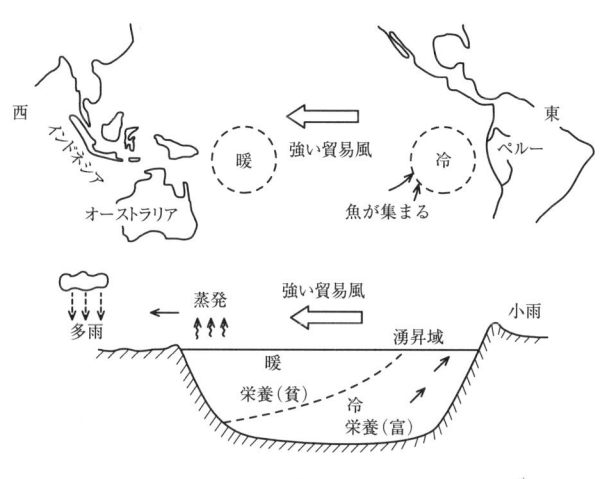

図 2-10 通常期の貿易風と海面温度の分布 [1]

もに，ペルー沖の深層水の湧昇が弱くなる年がある。そのとき，ペルー沖の海水温は平年より水温が高くなる。これがエルニーニョ現象である。エルニーニョ現象が生ずると深層よりの無機栄養塩の供給が小さくなるので，植物プランクトンが増殖せず，結果として漁業は壊滅的な打撃を受けることになる。また，エルニーニョ現象によって太平洋東沿岸諸国の多雨，西沿岸諸国の小雨など，地球規模の異常気象がもたらされることが知られている。

🌲 大気圏の環境 🌲🌲🌲🌲🌲🌲🌲🌲🌲🌲🌲🌲🌲

　大気中の二酸化炭素濃度の上昇による地球温暖化が社会問題となり，自動車排気ガスによる大気汚染が深刻化している。本節では大気環境問題の概略と，大気環境保全のためのクリーンなエネルギー源と効果的なエネルギー利用法について述べる。

大気中のガスと温室効果　太陽光を受けて加熱された地表面から放熱される熱は，直接大気圏外へは出ず，一旦，大気中の水蒸気や二酸化炭素ガスCO_2に吸収される。そして，熱は大気圏にこもることになる。これは温室内の気温が暖まる現象と同じメカニズムであることから**温室効果**とよばれ，また，温室効果に寄与するガスを温室効果ガスとよんでいる。

　大気中で最も強い温室効果をもたらすガスは，大気中に平均約2％含まれる水蒸気であり，その次が二酸化炭素CO_2である。その他の温室効果ガスの大気濃度は小さいが，**温室効果係数**(CO_2 1分子当りの温室効果を1としたときの各種気体の1分子当たりの温室効果のこと）の高い気体の場合には注意を要する。なお，主な温室効果ガスの種類・温室効果係数・大気中の濃度を表2-2に示す。表中のヒドフルオロカーボン・パーフルオロカーボン・六フッ化イオウは人工的に作られたガスであり，自然には存在しないものである。

二酸化炭素と地球温暖化　近年，地球の温暖化が進行しているとされ，その主因は温室効果ガスである大気中の二酸化炭素濃度（以下，CO_2濃度と称する）が人口活動によって増加しているためであると考えられている。図2-11は近年のCO_2濃度の測定結果を示すが，季節変動を伴ないながら年々増加していることがわかる。

　このようなCO_2による温室効果によって，地球の平均気温はこ

表 2-2　温室効果ガスの温室効果係数と大気中の濃度[2]

温室効果ガス	温室効果係数	大気中の濃度
二酸化炭素 CO_2	1	370 ppm
メタン CH_4	21	1.7 ppm
亜酸化窒素 N_2O	310	310 ppb
ヒドロフルオロカーボン（HFC）	1 300	——
パーフルオロカーボン（PFC）	7 000	～180 ppt
六フッ化イオウ SF_6	24 000	——

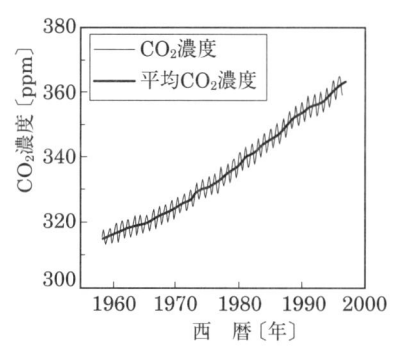

（注）表中のガスは第3回気候変動枠組条約締約国会議の削減対象ガス

図 2-11　二酸化炭素濃度の最近の変化[マウナロア観測所，文献2) より引用][35]

の100年間で約0.6℃上昇し，近年では100年間で1.6℃程度の割合で上昇しているとされている。なお，実際にはCO_2以外の温室効果ガスが気温上昇に与える効果も無視できない。しかし，CO_2の**地球温暖化**に対する寄与率は64％程度（水蒸気を除く）と計算されているので，地球温暖化対策にはCO_2の削減が効果的かつ急務であり，現在対策が急がれている。

ただし，CO_2濃度の上昇が気温の上昇をもたらすのではなく，逆に気温の上昇がCO_2濃度の上昇をもたらすとの説もある。このような逆説もある中で対策が急がれるのは，実際に大幅な気温の上昇が生じ，地球環境に与える影響が顕著になってからでは遅いという危機感からである。

地球温暖化の影響と対策 本項では地球温暖化が地球環境に及ぼす効果とその防止対策について述べる。

[1] 地球温暖化による影響

①海水位の上昇：気温の上昇による海水の熱膨張，山岳氷河や陸上氷床の融解などが原因となって，過去100年間で海水位は10〜20cm上昇したとされている。「**気候変動に関する政府間パネルIPCC**」は温暖化ガスの排出規制をまったく実施しない場合，今後30年間に海水位が約20cm，21世紀末までに65cm上昇すると予測している。

海水位が上昇すると，島嶼国（小島からできた国でモーリシャスなど）などの標高の低い地域の著しい面積の減少，海岸堤防の能力低下，地下水の塩水化，生産緑地の塩害などのさまざまな問題が起こると考えられている。なお，海水位が約65cm上昇すると約85％の日本の砂浜が消滅するとされている。

②食料生産および生態系に及ぼす影響：気温上昇と二酸化炭素濃度増加によって植生の生産性が向上し（光合成が盛んになる），食料の増産が期待できる。しかし，同時に地球温暖化による海水位の上昇は，耕地面積の縮小や塩害の発生などをもたらし，食糧減産要因となる。このように地球温暖化は，食料の増産と減産の要因を併せもっているが，全体としては食料減産要因となると考えられている。また，温暖化が緩やかな場合は生態系は環境に適応できるが，近年の100年で1.6℃のような急激な温度上昇の場合は生態系への深刻な影響が懸念されている。

③地球温暖化と水資源の質：地球温暖化による気温の上昇によって，日本などの中・高緯度帯では降水量が増加すると予想されている。これに伴って大気中の汚染物質がより多く地表に降下し，土壌汚染や水域の水質悪化が起こると予想されている。また，気温上昇によって害虫の大量発生なども懸念されている。

ポイント その13

地球温暖化の原因に対する誤認識

　人類は石炭・石油・天然ガス（化石燃料と総称する）を大量に使用しているが，その燃焼熱が地球温暖化の原因になると考えるのは誤りである。人類が石炭や石油を燃やすことによって発生するエネルギーは地上に注ぐ太陽エネルギーの1/10,000程度であり，この程度では地球温暖化に与える影響はないと考えてよい。

二酸化炭素の毒性

　二酸化炭素 CO_2 は本来無害ガスであるが，高濃度になると有害になる。酸素が約20%含まれる大気中でも，CO_2 濃度が30%では即座に意識不明になり，10%でも1分間で意識を失う。30分間吸い続けても後遺症が生じない濃度（脱出限界濃度という）は意外に低く，5%程度である。なお，大気中の二酸化炭素濃度は希薄（約0.037 %）であるので人体への毒性の心配はない。また，人間の吐息中の二酸化炭素濃度（CO_2 濃度）は約4%である。

酸欠（酸素欠乏）

　酸欠とは，室内の換気不良などによって，通常は約20%の空気中の酸素量が減少することである。酸素濃度が16〜12%で呼吸回数の増加や頭痛が起こり，10%以下で意識不明・呼吸困難となり，5〜8%で窒息死する。

[2] 地球温暖化防止対策

　地球温暖化防止のためには，既述のように CO_2 の排出量を削減することが急務である。そのためには，化石燃料の使用抑制が最も効果的であるが（石炭・石油などの化石燃料を燃焼させると大量の CO_2 が排出される），それのみならず，二酸化炭素の回収や森林破壊防止などのさまざまな複合的対策が必要とされている。

> **ポイント その14**
>
> **二酸化炭素の回収法**
> 　二酸化炭素を海中に沈めると，海中圧力により170mで液化，300mでシャーベット状，2500m以上で二酸化炭素の密度が海水より大きくなって，海中へ沈み込む。したがって，2500mより深い水深まで二酸化炭素を注入する技術が実用化されれば，日本が排出する二酸化炭素の140年分を深海に貯蔵することが可能であると考えられている。また，二酸化炭素を深い石灰層や水を含む地層に注入・貯蔵する技術も検討されている。

　なお，化石燃料の消費に伴って発生する二酸化炭素ガスの削減法として，①エネルギー変換効率の向上，②代替エネルギーの利用・開発，③省エネの推進・推奨などの社会政策，などの対策がある。

オゾン層の破壊とその影響および対策
[1] 紫外線とオゾン層

　紫外線は太陽から放出される光の中で，可視化光より波長の短い，$0.2 \sim 0.38$ [μm] の波長領域の光である（ポイントその3参照）。光生物学では紫外線をUVA（波長$0.38 \sim 0.32 \mu m$），UVB（波長$0.32 \sim 0.28 \mu m$），UVC（波長$0.28 \sim 0.20 \mu m$）の3種類に分類している。UVAは日焼けを生じさせるのみで発ガン性はない。UVBはガンの原因となるなど有害である。UVCは生物の遺伝子を激しく損傷する極めて有害な紫外線であるが，地上にはほとんど到達しない。

　ところで，**オゾン層**とよばれる地上$20 \sim 30 km$上空にあるオゾンを多く含む大気層（「ポイントその15」参照）に，UVBは強く吸収される。しかし，本項[2]に述べるようにオゾン層が破壊されると，UVBの地上への到達量が増加し，水痘・皮膚ガン・白内障・角膜炎・免疫機能低下などがひき起こされると懸念されている。なお，オゾン層のオゾン量が1％減少するとUVB量は2％増加し，

皮膚ガンの発病率は2%増加するといわれている。また，地上に到達する紫外線量の増加によって，作物の減収や成層圏の気温低下（異常気象の原因となる）がもたらされると考えられている。

[2] フロンとオゾン層破壊およびその対策

フロンは，液化しやすい・水に溶けにくいなどという優れた性質をもっている。また，開発当初は無害であると考えられていたので現在までに多量に冷蔵庫・冷暖房の冷媒，電子部品の洗浄剤，消火剤，発泡剤などとして使われてきた。しかし，近年になって，地上で放出されたフロンが拡散して成層圏に達し，そこで紫外線によって分解されるとき，生成される塩素原子がオゾン層を破壊することがわかってきた。

実際に人工衛星からの観測写真で，南極の上空のオゾンホール（円形状にオゾン濃度が低くなっている領域）がとらえられている。このような，フロンガスによるオゾン層の破壊を放置すると，大量の紫外線，特に有害なUVBが地表に到達するようになり，人体や生態系および気象に悪影響を与えることが懸念されるようになっている。このことから，近年フロンガスの排出規制が実施されるようになり，また，フロンのかわりとなり，オゾン層を破壊しない物質（**代替**フロンという）の開発も進められている。しかし，決め手となる物質はまだ開発されていない。

酸性雨

[1] **酸性雨とその発生原因**

近年，酸性雨による被害の拡大がしばしば報告されている。酸性雨とは通常の雨（通常の雨のpHはpH = 5.6程度，pH = 7が中性であるから雨はもともと酸性である）より酸性度が強い雨のことである。ここでは酸性雨の成因について述べる。

石炭・石油を燃焼させると，その中のイオウ成分がSOx（二酸化

ポイントその15

大気圏の概略

　大気圏は地上1000km程度までの大気の存在する層であり，図に示すように**対流圏・成層圏・中間圏・熱圏**の4層に分けられる。大気圏内での気圧は高度が高くなるほど小さくなる。一方，気温は各圏内で大きく変化する。また，地上における平均気温は約15℃程度である。

　この中で**対流圏**は地上から高度10km程度までの層であり，上空ほど温度が低い。大気分子のほとんどはこの対流圏内に存在し，日常的に経験す

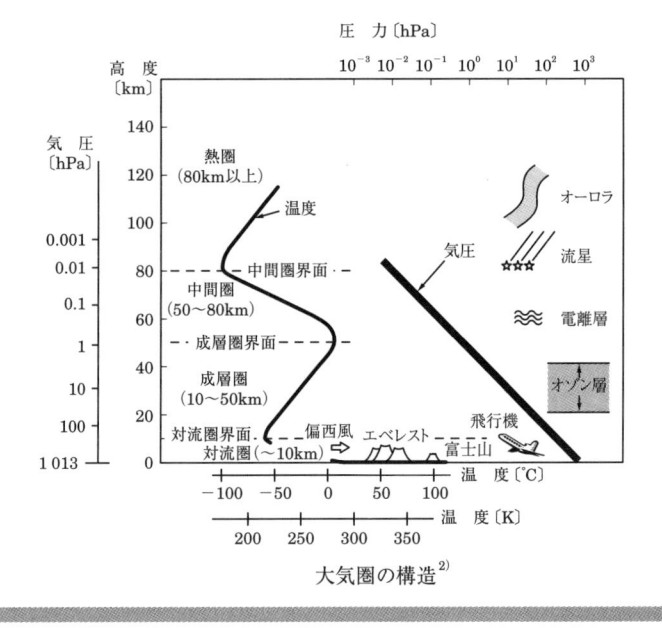

大気圏の構造[2)]

イオウSO_2や三酸化イオウSO_3のこと，これらをまとめて**イオウ酸化物SOx**という）に変化する。また，自動車や工場のボイラー・セメント焼成炉・火力発電所からは，窒素酸化物NOx（一酸化窒素

る気象現象(雨，雲，雪，台風など)は同圏内で生ずる。一方，成層圏は高度10〜50km程度の層であり，オゾン層(オゾンの多い層)とほぼ一致する。オゾン層では人体や生物に有害な紫外線(特にUVB)が吸収される。

大気層と人間の生活

ほとんどの空気分子が存在する対流圏の厚さは地球の直径6400kmに比較して極めて薄く，地球を卵にたとえるとその殻より薄い。この様に人類は地表近傍の極めて薄く，破壊されやすい大気層中で生活しているのである。

オゾン層の形成

地球は約46億年前に，生命は約35億年前に誕生し，シアノバクテリアの光合成による酸素放出が始まったのは約27億年前であると考えられている。4.5億年前には，大気中の酸素濃度は約2%（現在，約20%）となり，また，酸素からオゾンが，さらに大気圏にオゾン層が形成された。その結果，有害な紫外線がオゾン層に吸収されるようになったので，4億年前に植物が，3億年前に動物が陸上へ進出可能となった。

日焼け

日本では，紫外線の悪影響は7月下旬から8月上旬に最大となる。紫外線防止には日焼け止めクリーム使用や，帽子をかぶることで効果がある。7cm幅のつばつき帽子で，UVBの顔面への到達量は約1/5に減少すると言われている。

NOや二酸化窒素NO_2のこと，これらをまとめて**窒素酸化物NOx**という）が排出される。酸性雨はSOx・NOxがそれぞれ**硫酸・硝酸**に変化して雨に溶解し，雨の酸性度が強くなったときに生ずる。

また，大気中に放出された硫酸と硝酸が，そのまま地面や植物の葉に付着する場合もある。これも酸性雨の一種として扱われる。酸性雨は，風などの条件により異なるが，SOx発生源から数千km，NOx発生源から数百kmの遠方に拡がると考えられている。この拡がり範囲の違いは，SOxが硫酸になる反応には数日を要するが，NOxが硝酸になる反応は，これより遙かに短く約10時間程度であることが原因である。このように，酸性雨の被害は広範囲におよび，例えばSOx，NOxの発生源から遠く離れた，日光白根山付近にも酸性雨の被害が観察されることが報告されている。また，酸性雨は国境を越えて被害がもたらされる。最近，日本各地で報告される酸性雨の被害には，中国の大気汚染が原因であると考えられる事例も報告されている。

[2] 酸性雨の影響と対策

酸性雨による人体への悪影響はほとんどないと考えられている。ただし，酸性雨の一種として扱われる，硫酸や硝酸が霧に溶解した**硫酸ミスト**や**硝酸ミスト**は，呼吸器系に悪影響を及ぼす（のどの痛み・ぜん息など）。

一方，酸性雨の森林・植物への悪影響は大きいと考えられる。例えば，pH3.0以下では植物の成長が抑制されたり，pH3～4ではアサガオの花に脱色斑ができたりなどの被害が生じる。また，作物の多くはアルカリ性土壌ではよく育ち，酸性土壌では生育が悪い。したがって，酸性雨によって土壌が酸性化すると作物の収穫量が減少する。さらに，無機栄養塩が土壌から溶脱しやすくなるので，土壌の肥沃度が低下するなどの問題が生ずる（「地下・土壌の環境」の節参照）。

また，酸性雨は湖沼の生物へ大きな影響を与える。つまり，湖沼水が酸性化すると，魚の受精率が低下したりする。湖沼水の酸性度がさらに強くなると，魚が死滅することが知られている。これを湖

ポイントその16

酸性雨の記録
　図は身近な酸性の液と酸性雨の記録を示している。同図に示すように，酢やレモン水よりも酸っぱい雨の記録さえ残されている。

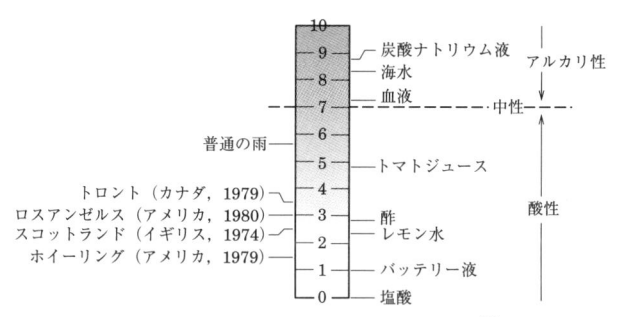

```
        10 ─
         9 ─── 炭酸ナトリウム液    ┐
         8 ─── 海水              │ アルカリ性
         7 ─── 血液              ┘
                                  ····· 中性 ·····
普通の雨 ─ 6 ─
         5 ─── トマトジュース     ┐
トロント（カナダ, 1979）─┐ 4 ─                  │
ロスアンゼルス（アメリカ, 1980）─ 3 ─── 酢      │ 酸性
スコットランド（イギリス, 1974）─┘ 2 ─── レモン水 │
ホイーリング（アメリカ, 1979）── 1 ─── バッテリー液 │
         0 ─── 塩酸              ┘
```

酸性雨の記録と身近な酸性液［文献2）より引用］[71]

沼の**酸死**といい，スウェーデンの湖沼の酸死はよく知られている。
　酸性雨による**鉄筋コンクリート構造物**や，**大理石**で建造された古代遺跡の被害も問題である。これは，コンクリートの材料であるセメントや大理石がアルカリ性であるため，酸性雨で徐々に溶けることが原因である。

自動車排気ガスと大気環境　日本の自動車保有台数は7000万台を越え，排気ガスによる大気汚染が深刻化している。自動車のエンジンにはガソリンエンジンとディーゼルエンジンがある。その中で**ガソリンエンジン**の排ガス中には，炭化水素，一酸化炭素，一酸化窒素，発ガン性のベンゼン，猛毒のダイオキシンなどの環境汚染物質が含まれている。
　一方，**ディーゼルエンジン**の排ガス中にもベンゼン，ダイオキシン等の汚染物質が含まれている。その他に窒素酸化物NO_x，イオ

ポイントその17

スギ花粉症

スギ花粉症は、1964年に初めて報告された日本独特の花粉症であるが、都市部での発症率が高いとされている。これは都市部で多量に放出されるディーゼルエンジン車の排気ガスの黒煙中に含まれるPM2.5（粒径が2.5mm以下の微粒子）とよばれる微粒子が花粉症発症を促進しているためと考えられている。

ロンドン型スモッグ

産業革命後のイギリスでは、工場や家庭暖房に石炭が多量に使用され、SOxが大量に大気中に放出されるようになった。1952年12月、ロンドンでは地表数百mの薄い逆転層（右頁参照）が生じ、風が止まり、SOxがロンドン名物の霧に溶け込み、硫酸ミストが地表に長期間漂った。これにより、5日間で約4000人もの人が呼吸器系の疾患で死亡した。この事件以来、特に石炭燃焼が原因で発生する硫酸ミストを含むスモッグ(汚れた霧のこと)を**ロンドン型スモッグ**とよんでいる。

逆転層と順転層

日中は地表面が太陽によって加熱されるので地表面近傍ほど気温が高く、大気の密度は小さくなる。したがって、大気中に形成される成層は不安定成層となる（ポイントその5参照）。このような不安定成層の条件にある大気層を**順転層**とよんでいる。

ウ酸化物SOxなどがガソリンエンジンより多く排出されることや、排気ガスの黒煙中には、ぜん息・気管支炎の原因となる微粒子や強い発ガン性物質である**ベンゾピレン**などの物質が含まれていることが特徴であり、最近大きな社会問題となっている。

ところで、自動車排気ガス中の窒素酸化物NOxや炭化水素などは太陽光を受けて強い酸化剤である、**オキシダント**（オゾンが主成

一方，夜間には太陽光による地表面の加熱がなくなる。また，地表面からの放熱によって地表面が冷却され，気温は地表面近傍ほど低くなり，安定成層が形成される。このような大気層は**逆転層**とよばれる。
　下図は，大気の状態が順転層と逆転層にある場合の煙突からの煙の拡散を相違を示している。同図の(a)に示すように順転層が大気中に形成される場合は，上下層の混合が促進され，また，大気中の流れの中の乱れも強くなる。したがって，煙突からの煙は大きく拡散する。一方，図(b)に示すように逆転層が大気中に形成された場合は，上下層の混合が抑制されるとともに大気流れの乱れが弱くなる。したがって，煙突からの煙は濃度の高い状態を保ったまま薄くたなびくように拡がる。

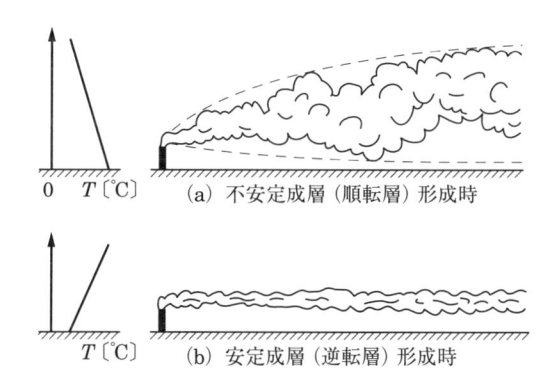

(a) 不安定成層（順転層）形成時

(b) 安定成層（逆転層）形成時

分である）とよばれる物質に変化することが知られている。大気中のオキシダント濃度が高くなると目の刺激・植物成長障害などの被害がでる。
　1940年代のアメリカ西海岸では，オキシダントによるスモッグによって目の刺激やのどの痛みを訴える人が続出した。その後，オキシダントによるスモッグは**ロスアンゼルス型スモッグ**とよばれる

ようになった。同様の被害が日本でも報告されている。例えば、1970年夏に東京でオキシダント濃度が上昇し、目・のどの痛みや呼吸困難を訴える人が続出した。この現象は**光化学スモッグ**（メカニズムはロスアンゼルス型スモッグと同じ）とよばれている。この光化学スモッグは大気中に逆転層が形成され、風が弱く、かつ太陽光線が強いときに発生しやすい。

以上のように深刻化する自動車排気ガスによる大気汚染を防止するために、①電気自動車、②ソーラーカー、③燃料電池車、④ハイブリッドカーなど、イオウ酸化物SOxや窒素酸化物NOxを出さないか、排出量の小さい自動車の開発・研究が現在進められている。

エネルギーと環境　図2-12は世界の**エネルギー消費量**の推移を示している。同図に示すように、エネルギー消費量は増加の一途をたどっている。

エネルギー源として石油・石炭・天然ガスなどの化石燃料を使用すると、その燃焼に伴って二酸化炭素や有害排気ガスが環境中に放出される。原子力は放射能事故の危険を、水力発電のためのダム建設には環境破壊を伴う。したがって、地球環境を保全するためには、エネルギーの有効利用が重要である。また、抜本的対策として、SOx、NOx、ばい煙、二酸化炭素の排出量が少なく環境に優しい、クリーンなエネルギー源の開発が重要である。現在、その為に太陽熱、太陽電池、風力、波力、海洋温度差、地熱、バイオマス、水力などについての開発・研究が進められている。

植生・都市・砂漠と大気環境
[1] 植生と大気環境

森林などの樹木や草などの植物（**植生**という）は、大気環境に大きな影響を及ぼす。ここでは植生のもつ気候緩和効果について、樹

大気圏の環境　59

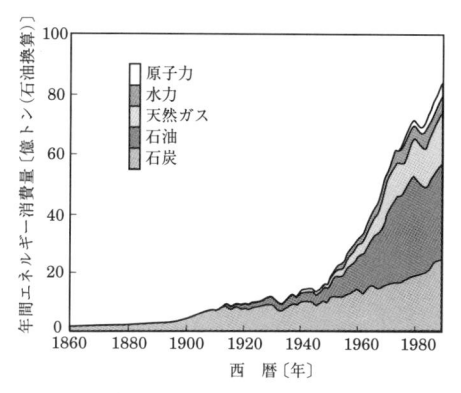

図 2-12　世界の1次エネルギー年間消費量の推移（BP統計）[2]

図 2-13　植生の構造の概略[2]

木のような高等植物の場合を事例として説明する。図2-13に示すように，樹木は根から土壌中の**水**と**無機栄養分**を吸収して成長する。また，葉の葉肉とよばれる部分には**葉緑体**が多く含まれ，その中の**クロロフィル**は光をエネルギー源として**光合成**を行う。光合成に伴って二酸化炭素が吸収され，酸素が放出されるとともに，有機物が生産される。生産された有機物は樹木の呼吸と成長の為に使用される（光合成については第1章の「光・熱と環境および食物連鎖・生物濃縮」の節参照）。

さらに，葉の表皮には気象や二酸化炭素濃度などの外部条件に応じて開閉する多数の**気孔**がある。この気孔を通して大気と植生の間の酸素・二酸化炭素，および蒸散による水蒸気輸送が行われる（図2-13参照）。

ところで，植物は根から無機栄養分を含んだ水を吸収するが，その中で成長等のために利用される水分量はごくわずかであり，ほとんどは葉からの蒸散によって失われる。例えば，タバコ，ヒマワリ，カボチャなどは，夏季の1日間で1本当たり1ℓ程度もの蒸散が生じる。また，大きい果樹やカシ・ポプラなどの蒸散量の多い樹木では，1本で1日当たり50〜100ℓに達するとされている。

このように植物の成長のためには多量の水が必用である。また，水が蒸散するとき多量の潜熱を失い，地表面近傍の気温を低下させる。つまり，植生は気候緩和効果をもっている。夏の暑い日でも森林内がすずしいのは，樹木の葉から水分が蒸発するとき潜熱が失われるためである（ポイントその4参照）。

[2] 都市と大気環境

ここでは，都市特有の大気環境について述べる。

都市域では舗装や建築材料としてアスファルトやコンクリートなどの不透水性の材料が多用されている。そのため，降雨は土中に浸透することなく直ちに下水道や川に流出し，土壌中に水分が保持さ

> **ポイント その18**
>
> **蒸発と蒸散**
> 　液体である水が気体である水蒸気に変化することをを蒸発という。一方，植物中の水が葉の表面から水蒸気となって大気中に拡散することを蒸散という。
>
> **気孔**
> 　植物の葉には多数の気孔がある。気孔の大部分は葉の裏側に存在し，その大きさは25〜45μmであり，1mm^{2}当たり数十個〜数百個存在する。それでも気孔の面積は葉の表面積の1％以下である。

れず，地表面からの蒸発量が少なくなる。また，都市には植物も少なく，よって蒸散量も少ない。結局，都市では蒸発・蒸散に伴う潜熱の吸収，つまり，水の相変化に伴う気候緩和効果が小さいので，地表面付近の温度は自然の土の状態より高温となりやすい。また，アスファルトやコンクリートは土壌と比べて熱を伝えやすく，かつ，より多くの熱を蓄える性質をもっている。これによって都市の気温は低下しにくくなる。

　さらに，都市部では人間活動に伴なって大量の排熱が発生することも，都市の気温上昇の原因となる。それらに加えて，都市域で排出される汚染物質のもつ温室効果によっても，都市域の気温は上昇する。このようなさまざまな原因によって，都市域の温度は島のような形で周辺の郊外域より高温となることが普通である。これを都市の**ヒートアイランド**という。ヒートアイランドは逆転層が形成される夜間に生じやすい。また，ヒートアイランドが発生すると都市域の中心部では上昇気流が発生するとともに，それを補うように郊外から風が吹き込み，**ヒートアイランド循環**とよばれる循環流が形成される（図2-14参照）。

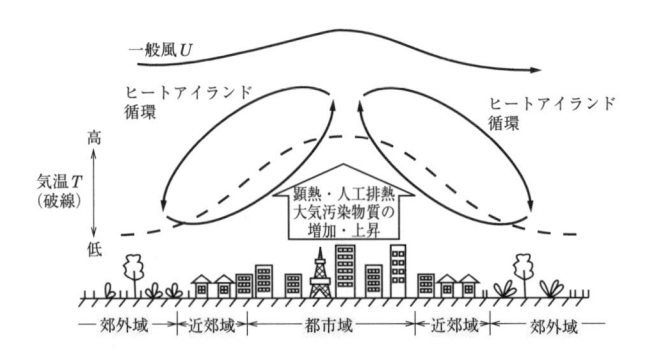

図 2-14 ヒートアイランド現象[2)]

　ただし，ヒートアイランド現象は都市域で常に出現するのではなく，その発生条件や出現時の強さは都市上空を吹く風(一般風という)の風速や，周囲の地理的条件の影響を受ける(詳しくは他書参照)。

　一方，都市域内の公園などの緑地では，樹木の葉からの**蒸散**による潜熱の吸収と**日陰**の効果によって気温が低下する。これを都市の**クールスポット**(もしくはクールアイランド)とよんでいる。この，クールスポットが風下の市街地に涼風をもたらし，エアコンの効率を向上させる。つまり，都市の緑地は気候緩和効果をもたらす。

　上述のように都市は高温になりやすい。ただでさえ暑い夏に，ヒートアイランド現象によって，さらに高温になる。そのため，多くの植物を植えるなど都市の温度低下をもたらすための努力が続けられている。最近の，ビルの屋上緑化などはその試みの一つである。また，池などの水面も植生と同様な気候緩和効果をもっている。

地下・土壌の環境

　ここでは地球上で食料生産の場となり，人間を含め多くの生命を育んでいる土壌や地下水の環境について述べる。

ポイント その19

都市気温の経年変化

　図は東京・大手町の日平均・最高・最低気温の経年変化を示している。同図より1950年代以降の気温の上昇が明らかであるが，特に日最低気温の上昇が最も顕著であり，0.04〔℃/年〕程度の割合で上昇していることがわかる。これは地球温暖化によるもの（0.016〔℃/年〕）よりかなり大きいので，東京の都市化によるヒートアイランド現象が年々強くなっていることを示している。都市域のヒートアイランド現象は近年さらに顕著になってきており，冬季における大手町の最低気温は郊外より5℃程度高いことが一般的である。

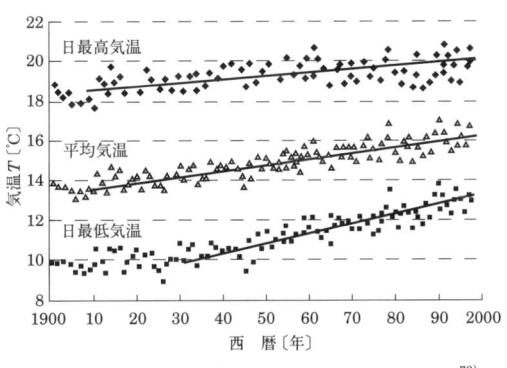

大手町の気温の経年変化［文献2）より引用］[72)]

土の成立ち　土壌を構成する物質は大きく生物と無生物に分類できる。無生物は，**固相**（鉱物や有機物），**液相**（土壌水），**気相**（土壌空気）から成り立っている。これを土壌の3層とよんでいる。また，土壌中の固相は粘土粒子や有機物によって結合されており，粒子塊（団粒という）の集合体となっている（団粒構造という）。この団粒の間には適度な空隙があり，そこに水と空気が保持されることによって豊かな植生が宿り，多様な土壌生物が生息可能になる。

ところで，土壌の固層である鉱物成分は粒径dによって，レキ（$2 \leq d < 75\,mm$）・砂（$0.075 \leq d < 2\,mm$）・シルト（$0.005 \leq d < 0.075\,mm$）・粘土（$d < 0.005\,mm$）に区分される。土壌の中で粘土の含有量が多い土は高い粘性を示し（べとつきやすい），また，負に帯電しやすい性質をもっている。この粘土鉱物のもつ負に帯電しやすい性質が以下に述べるような豊かな土壌環境の形成にとって重要な意味をもっている。

土壌の化学的性質
[1] 陽イオンの選択性と交換

既述のように**粘土**は負に帯電しやすい性質をもっている。この性質が以下に述べるように豊かな土壌環境をもたらす。また，粘土の他，動植物の遺体などの腐食も**負**に**帯電**しやすい性質をもっている。実際の土壌では，粘土や腐食に鉱物成分が絡み合い，負に帯電していることが多い。これによって，土壌表面にカルシウムイオン Ca^{2+}，マグネシウムイオン Mg^{2+}，カリウムイオン K^+，ナトリウムイオン Na^+，アルミニウムイオン Al^{3+}，水素イオン H^+ などの陽イオンが吸着・保持されることになる。

ところで，さまざまな陽イオンの土壌への吸着のしやすさの程度は大きく異なる。このとき，より土壌に吸着されやすい陽イオンをより**選択性**が高いという。つまり，一旦，土壌表面に吸着されたある陽イオンは他のより選択性の高い陽イオンに容易に交換されやすいという性質をもっている。

このような陽イオン選択性は，土壌環境の保全にとって極めて重要な意味をもっている。例えば，植物が土壌中から養分を吸収しようとするとき，根から水素イオン H^+ が放出される。この水素イオンは選択性が高いので土壌に吸着し，そのかわりに植物の養分となる他の陽イオン（例えば，カリウムイオン K^+）が土壌から放出さ

ポイントその20

岩石の風化と土壌の固層

土壌の鉱物成分は岩石の風化によってもたらされる。岩石の風化には**物理的風化**と**化学的風化**がある。物理的風化とは，風雨による岩石の削り取り，温度変化に伴う岩石の膨張・収縮による破壊，岩石中の侵入水の凍結・融解による破壊，岩石への植物の根の侵入による破壊，などによって岩石が砕かれることをいう。一方，化学的風化とは，岩石成分の雨水中への溶解などである。

このような，岩石の風化の結果として生じた溶解物質・泥・砂は雨水によって流され，低地に堆積して堆積物を形成する。これに落葉・落枝や腐食が混入したものが土壌の固層となる。

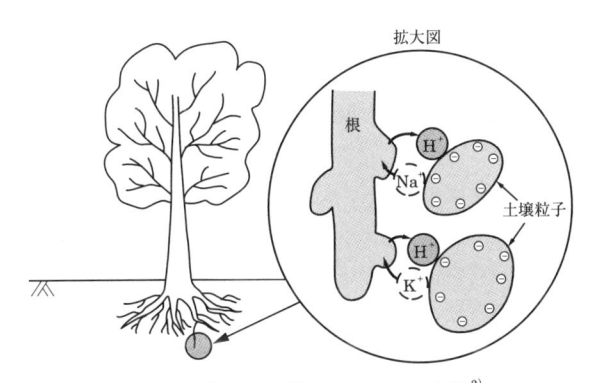

図 2-15 植物の根と土壌粒子間のイオン交換[3]

れる。その結果，他の陽イオンは，土壌水中に移行し，その後，植物に吸収・利用される。つまり，植物は陽イオンの選択性を利用して養分を吸収している。また，過剰に供給された肥料（例えばアンモニアイオン NH_4^+ など）は，栄養分として植物に利用されるが，残りは土壌表面に存在する別の陽イオンと交換して土壌に保持される。つまり，土壌のもつ陽イオンの選択性は土壌からの栄養塩の流

ポイント その21

イオン
　イオンとは電荷をもつ原子や原子団のことである。中性の原子や原子団が1個または数個の電子を失うか，あるいは過剰に電子を得ることで生じる。正，負の電荷をもつそれをそれぞれ陽イオン，陰イオンという。

土壌・地圏と人間生活
　土壌が存在するのは地球のごく表層の薄い部分のみであり，その保全は全ての生命にとって極めて重要である。なお，人間が利用している地下は地下鉄で数十〜数百m，油田開発に伴う掘削で数km，さらに放射性廃棄物の地下投棄を考慮に入れてもせいぜい地下10km程度である。これは，地球の直径6,400kmに比較して極めて小さい。このように人類は地表近傍の極めて薄い表層のみを利用しているのである。

土壌の荷電量[55]
　粘土や腐食物が多い土は，強く負に帯電する。その荷電量は，多い場合1 [m^3] の土で1 [kW] の電気ストーブを120日間つけっぱなしにしておく電気量に相当するといわれている。

腐植
　土壌有機物のもとになる，動植物の遺体は土壌微生物によって分解され，

出を防ぎ，土壌の肥沃さを保つ上でも重要である。
　また，有害な重金属の選択性は極めて高いので土壌に強く吸着される。つまり，土壌中の陽イオンのもつ選択性は土壌や地下水の環境汚染の拡散を防ぐ役割も果たしている。一方で，一度重金属で汚染された土壌を浄化することは極めて困難となる。

最終的には栄養塩や二酸化炭素などの無機物となる。この分解の過程で，遺体中の成分であるセルロース・デンプン・糖などは微生物によって早く分解されるが，リグニン（木質素）・油脂等は比較的ゆっくり分解され，複雑なコロイド物質に変わる。この状態のものを腐植とよんでいる。

有機物が肥料となる原理

昔から，堆肥や人糞などの有機物は肥料として使用されてきた。しかし，それらが植物の肥料となるのは，根が液状化した腐植物を吸収するためであると長い間考えられてきた。有機物が土壌生物によって無機栄養塩に分解され，そしてそれがイオン化して根から取り込まれ，植物が成長する事が明らかになったのは1800年代半ばである。また，近年ではこの原理を応用して化学肥料が生産・使用されるようになっている。

下水処理場の原理

都市では屎尿や生活排水などの有機物は下水道に流され，下水処理場に送られる。下水処理場での下水中の有機物は，土壌微生物（活性汚泥とよばれる）を使用して有機物から無機物へ分解されたのち，河川や海域へ放流される。要するに下水処理場では，本来自然の営みとして行われている浄化作用を人工的に大規模に行っている。

[2] 陰イオンの選択性と交換

[1]で述べたように，土壌は負に帯電しやすい性質をもっている。これは土壌全体として負の電荷量が多いという意味であり，正電荷も保持している。したがって，土壌表面には**陽イオン**のみならず**陰イオン**も吸着している。

陰イオンの中でも特に**リン酸イオン**の**選択性**は高く，リン酸肥料

> **ポイント その22**
>
> **資源としてのリン**
>   リンは，窒素・カリと並んで重要な肥料である。わが国の土壌はリンを吸着しやすく，それを補うために肥料として畑地などに大量に投与されている。一方，湖沼や沿岸海域では土壌に過剰に施肥されたリンによって，植物プランクトンの異常な増殖，いわゆる有機汚染問題が生じている。そこではリン肥料の施肥をいかに減少させるかが課題となっている。
>   ところで，リンはリン鉱石などを原料として得られているが，その資源量は限りあるものである。したがって，今後は肥料として多量に使用されたにもかかわらず，作物の生育には使用されず土壌に大量に吸着されていると考えられるリンを，回収・再利用することが必要である。
>
> **降水量と酸性・アルカリ土壌**
>   わが国のように降水量の多い地域では，雨水中に含まれる**水素イオン** H^+ が多量に土壌中に浸透する。この水素イオンは選択性が強いので直ちに土壌に吸着し，その代わりに，土壌に吸着している他の陽イオンが土壌

を施肥してもそのほとんどは土壌に吸着される。この現象をリン酸固定という。特に酸性土壌ではリンが土壌に固定されやすい（ポイントその22参照）。わが国は酸性土壌が多く，大量のリンが土壌中に固定されていると考えられている。

土壌の性質　土壌は大きく自然土壌と耕地土壌に分類できる。ここではそれぞれの土壌の特徴の概略について述べる。

[1] 自然土壌

　自然土壌は，**森林土壌・草地土壌・乾燥地土壌**に分類される。ここでは，森林土壌と草地土壌について述べ，乾燥地土壌について後述する。

　森林は無機栄養分を吸収して成長し，秋になると落葉・落枝の形

中に遊離する。つまり，降雨の多い地域の土壌は**酸性**になりやすく，養分が流出しやすい。したがって，わが国では耕作にあたり石灰などをまき，土壌を**アルカリ性**とすることがよく行われる。ところで，作物の多くは酸性土壌では生育が悪いが，これは酸性の条件下で溶解するアルミニウムイオンの毒性によるものと考えられている（アルミニウムイオンの毒性については後述する）。

一方，乾燥地帯，特に砂漠では岩石が昼夜の激しい温度差によって膨張収縮をくり返す結果，砂となり，最終的には粉体化する。また，砂漠では降雨が少ないので，もともと岩石に含まれていた，カルシウム・マグネシウム・ナトリウムなどの水に可溶で植物の栄養となる栄養塩(無機栄養塩)を多く含んでいる点にある。この塩類によって砂漠や乾燥地土壌はアルカリ性となりやすい。

以上のように，降水量の多い地域の土が酸性に偏りがちなのに対して，降水の少ない地域の土壌はアルカリ性となることが多い。

で有機物として地表面に堆積する。これは**リター層**とよばれる。リター層中にはそれを餌とする土壌生物が生息している。また，土壌動物の餌となり微小になって排泄されたリターは，微生物によってさらに無機物に分解され，再び森林の栄養分として吸収される。このように森林土壌は物質循環の良い土壌と見なすことができる。この森林の物質循環によって土壌の生物学的・理学的・化学的性質が徐々に向上し，ひいては土壌の肥沃度が向上する。なお，草地土壌も森林土壌と同様に物質循環の良い土壌である。

[2] 耕地土壌

耕地土壌は自然土壌と異なり，耕耘・施肥・薬剤散布などのさまざまな原因によって物質循環が阻害されるので，土壌中の生物数は自然土壌に比較して少ないのが一般的である。また，耕地土壌は作

> **ポイント その23**
> **針葉樹林と広葉樹林のリター層**
> 　リター層の中で，寒冷地域の針葉樹林のリターは土壌生物が餌として好まないフェノール性の酸性物質を多く含んでいるので，土壌生物が少ない。一方，温帯地域の広葉樹林のリターは中性であり，数多くの土壌生物が生息し，リターを餌としている。よって，その厚さは針葉樹林のものに比較して薄い。

物が養分を吸収して育つので土壌がやせてくる。したがって，土壌の肥沃さの維持のためには化学肥料や堆肥などの有機物を土壌に投入する必要がある。

　ところで，同じ畑で2～3年続けて同じ作物を栽培すると収穫量が急激に減少する（**連作障害**もしくは**いや地現象**とよばれる）。これは土壌中の作物にとって必要な養分のみが減少したり，有害物質が蓄積するためである。一方，水田では連作が可能で，アジアでは1000年も連続して使用されている水田もある。これは水田が冠水されるので，有害生物の種類と数が少なくなることや，土壌中の有害な物質が水によって洗い流されること，用水を通してイネの生育に必要な養分が補給されること，などの理由によると考えられている。

土壌環境の悪化　地球規模の環境悪化が問題となっているが，土壌環境の悪化も深刻である。その中でここでは，土壌の**砂漠化**と**塩類化**および**森林伐採**が土壌環境に及ぼす効果について取り上げる。

　砂漠とは降雨が極端に少なく，土地が乾燥し，自然の状態では植物が生育するための水が欠乏し，荒廃した土地のことである。一方，**砂漠化**とは植物が生育できた状態から不毛の状態へ退化する過程をいう。砂漠化は過放牧による植生の破壊，過耕作による土壌の劣化，森

林伐採による土壌の侵食などの人為的な要因によってもたらされる。

現存する砂漠と砂漠化しつつある乾燥・半乾燥地帯は，全陸地の50％にも達している。また，現在，世界各地で砂漠化の進行が報告されている。砂漠化の進行は耕作可能な土壌の減少につながり，人口問題に対する対策を困難なものとするので，その進行を阻止することが急務である。

砂漠・乾燥地土壌は，植物の栄養となる栄養塩（無機栄養塩）を多く含んでいるので，水の供給さえ確保できれば耕作可能な土地となることが多い。実際に，砂漠地帯では地下水を大量に灌漑水として使用して作物を栽培することが行われている。

しかし，砂漠・乾燥地での灌漑農業は新たな土壌環境悪化をもたらす。つまり，灌漑時には土壌中の水に可溶な無機塩類は，水とともに地表面から土壌中へ浸透し，灌水を停止すると地表面の乾燥とともに，土壌中から地表面へ移動する。このような灌水と灌水停止のくり返しによって，無機塩類が地表面近傍に過剰に堆積するようになる。これを土壌の塩類化とよんでいる。土壌の塩類化が進行すると植生の生育が阻害されたり，枯れたりして，最終的には耕作不能な土壌となる。

土壌の塩類化の問題は砂漠・乾燥地の灌漑農業以外でも見られる。例えば今日の作物生産では，その収穫量を上げるために土壌に大量の無機肥料が使用されている。このような耕地では作物に吸収されなかった無機肥料によって，土壌が塩類化し，植物が育たなくなり，砂漠化土壌へと劣化することが報告されている。

森林の過剰な伐採や山火事，焼畑農業による森林の裸地化も土壌劣化の原因となる。特に熱帯地方ではこれらの原因による土壌劣化の拡がりが深刻である。森林を失った土壌へ日光が直接地表面に到達するようになると，土壌温度が上昇する。すると腐植などの土壌有機物が分解されやすくなり，無機化作用が促進され，土壌の塩類

ポイント その24

食料問題

　国連は1950年に25億人であった世界人口が，1995年に57億に，そして2030年には89億に達すると予測している。このような世界人口の急増に対処する為には大量の食糧供給体制の整備が急務である。

　ノーマン・ボーローグ博士は小麦などの多収性品種を開発し，開発途上国の農業技術革新（「緑の革命」とよばれる）を導びき，1970年にノーベル平和賞を受賞したが，受賞スピーチの中で「緑の革命は，人類の飢餓との戦いにおける一時的な勝利に過ぎない。人口増の恐るべき加速が抑制されない限り，革命の成功は短命に終るだろう」と述べている。この人口増問題に加え，後述するような環境破壊による耕作不能土壌の増加が，食糧問題をより深刻なものにすると考えられる。

有機農法

　近年，有機農業が話題になっている。有機農業によって作られた農産物は，「化学合成された農薬や化学肥料を原則として使用しない栽培法によって，3年以上が経過し，堆肥などによる土づくりを行った圃場において収穫されたもの」とされている。

　有機農業は安全な作物を供給するが，労力とコストがかかるので高価なものとなる。また，虫食いにより見かけの悪いものもある。これらは安全で環境に優しい農産物の代償である。

耕耘（こううん）

　農業では，土壌中の孔隙を増加させることによって作物栽培に重要な土壌の通気性と排水性（水はけがよくなると，有益な微生物の活性が高まる）の向上を図るために，最初に畑がたがやされる。これを耕耘とよんでいる。

ところで，枯れ葉などの有機物が大量に堆積してる場所にはミミズが多く生息している。ミミズはこれらの有機物を食べて地中へもぐり，そこで糞を排泄する。そして，再び地上に出るときには地中の鉱物質の土壌を運び出してくる。これによって，地表面付近の有機物と土中の鉱物質土壌が混合される。つまり，ミミズは畑を耕している。これが，「ミミズのいる土壌は良い土壌」と言われるゆえんである。

アルミニウムの毒性

降水中の選択性の強い陽イオンである水素イオンH^+が土壌中に透するとき，土壌に吸着しているアルミニウムイオンAl^{3+}が土壌水中に遊離する。このアルミニウムイオンが植物の根から吸収されるとき，根の先端部分に集積して害を与える。降雨量の多い地域では土壌への水素イオンH^+の供給量が多くなり，土壌が酸性化する。またそのとき，アルミニウムイオンの土壌水中へ遊離量が増加するので，植物の成長が抑制される。これが酸性土壌では植物がよく育たない原因である。近年社会問題となっている酸性雨は，このような原理で植物の成長を阻害する。

土の緩衝作用と微生物的緩衝作用

土壌は環境変化を緩和しようとする作用をもっている。これを土の**緩衝作用**とよんでいる。土壌に緩衝能力を与える物質には，腐植や粘土がある。既述のようにこれらの負に帯電しやすい性質が土壌に緩衝能力を与えている。

同様に，微生物の種が豊富に生息している自然土壌の方が，限られた微生物種しか生育していない耕地土壌より緩衝作用（微生物的緩衝作用という）が強い。これは，自然土壌中には酸やアルカリ，あるいは有毒物質を分解できる微生物種もそれだけ多く生息しているからである。

ポイント その25

塩類化の事例

アラル海周辺農地の塩類化は有名である。アラル海は，中央アジアに位置する広大な塩湖（面積66,458km^{2}の塩水の湖）である。ソビエト連邦成立後，アラル海周辺の乾燥地域では，同湖に流入する河川水を使用した灌漑農業が大規模に行われるようになった。その結果，流域の農地土壌の塩類化が深刻な問題になっている。また，アラル海への河川水の流入量が減少した結果，アラル海の塩分濃度が急速に増して，漁業に深刻な被害が及んでいる。

灌漑農業の改良

砂漠・乾燥地での灌漑農業によって，土壌の塩類化の他にも，地下水源の枯渇などの問題がひき起こされる。この事から灌漑水の使用を少なくする手法が検討されている。例えば，作物に一滴ずつ水を与える点滴灌漑法や，吸湿性の高い保水材を地中に入れて水の流出を防ごうとする方法などが実用化されている。

化が進行する。このとき，土壌層は薄くなり，土壌動物や微生物の数が減少する。また，土壌温度の上昇とともに土壌表層からの水分の蒸発が大きくなるので，土壌の乾燥化が促進される。このようにして，最終的には森林再生が不可能な，劣化した土壌となってしまう。

特に，アジア・アフリカ・南米などでの**焼き畑**による熱帯雨林の消失と，土壌の劣化の問題は深刻である。焼畑は2～3年程度実施してその場を放棄するのであれば，地力が多少残り，比較的容易に樹木が再生する。ところが，最近では人口増に伴って5～6年もの長期間焼き畑を使用するようになってきた。このように焼き畑を酷使すると，その後森林が再生することなく荒廃地となり，土壌は劣化してしまうのである。

近年，砂漠化・塩類化・森林伐採による土壌の劣化の拡がりが地

ポイント その26

根粒菌の役割

　大豆・エンドウ・インゲン豆などのような豆科植物の根には，根粒菌とよばれる土壌細菌が感染した，直径数mmの粒子が付着している。根粒菌は大気中の窒素を吸収固定し，豆科植物はこれを肥料として利用する。したがって，豆科植物はやせた土地や施肥の行われていない土地でも有利に生育することができる。一方，根粒菌は豆科植物より糖分などの栄養分を得ることができる。この様な関係を共生とよんでいる。

球的規模に及んでいることが報告されている。これによって耕作不能な土壌が増加し，今後の人口増問題に対応するための食糧問題をより深刻なものにする考えられる。また，土壌劣化の進行過程で有機物が分解されるとき，酸素が消費され二酸化炭素が発生する。この二酸化炭素は地球温暖化の一因ともなる。さらに，森林消失後の地表面は，降雨によって土壌浸食がひき起こされやすくなる。特に斜面での地滑りや山崩れが誘発され，その地域の土壌生態系そのものが失われる。また，流出土砂による水域の水質汚濁や，降雨が森林に留まることなく流出するので河川の氾濫がひき起こされる。

　人口問題に対応するためにも，このように劣化し荒廃した土壌を再生させることが急務である。その為にはまず成長が早く，かつそのようなやせた土壌でも生育可能な**窒素固定細菌**をもつ**マメ科植物**などを植え，土壌表面を被覆することが大切である。植物の落葉落枝や根茎の発達により，徐々にではあるが物質循環が開始され土壌の諸機能が回復してくる。その後，地域に合った林木を植樹すればよい。しかし，このような森林再生のためにはかなりの時間と費用を要する。したがって，現存する森林土壌は，限られた資源であるということを十分認識し，その保全に務めることが最も重要である。

土壌・地下水汚染　土壌・地下水の汚染には，原因物質の相違によって様々な汚染形態がある。すなわち，鉱山の排水に含まれる重金属による**重金属汚染**，工場からの**揮発性有機化合物による汚染**，農地への農薬の過剰な散布による**農薬汚染**，農地への窒素肥料の過剰施肥による**硝酸性窒素汚染**，**産業廃棄物や生活廃棄物による汚染**，などがある。

わが国の土壌・地下水汚染の歴史は，渡良瀬川流域の銅汚染や神通川流域のカドニウム汚染など，金属鉱山からの廃水や排煙中の重金属が原因で生じたものに始まり（「ポイントその1」，「ポイントその6」中の分類参照），その汚染地域は局所的なものであった。しかし，最近は工場や廃棄物処分場のみならず，農薬の散布や施肥によって農地も汚染源となり，土壌汚染が広域化・深刻化している。

2000年度全国の土壌・地下水の汚染現場は32万カ所におよぶとの推定もある。汚染原因となる業種は，金属製品製造業・洗濯業・化学工業・電気機械器具製造業が多いとされている。また，汚染物質は鉛・六価クロム・水銀などの重金属類に加え，トリクロロエチレン・テトラクロロエチレン・1,1,1-トリクロロエタンなどの揮発性有機化合物も目立っている（表1-4，表1-5参照）。土壌・地下水の環境基準と規制対象物質，およびその用途と人体への毒性については第1章の「土壌・地下水の汚染物質と環境基準」項に既述したが，本項では汚染の実態について，より詳しく述べる。

[1] 重金属汚染

多くの金属は人体にとって不可欠なものであるが，過剰に摂取されると害となる。かつては金属鉱山の排水や排煙に含まれる重金属が汚染の原因となったが，近年は金属製品製造工場・化学工場などから流出する廃液に含まれる重金属による汚染が報告されるようになっている。

一般に，重金属による土壌汚染の被害は，アルカリ性土壌よりも

ポイントその27

重金属と軽金属

比重が4.0よりも小さい金属を軽金属，それよりも大きい金属を重金属という。比重が2.0より小さい金属を特に超軽金属という。

表 重金属と軽金属の例[文献3)より引用]

Li	K	Na	Ca	Mg	Sr	Al	Ba	Ti	Zn	Sn	Fe	Ni	Cu	Ag	Pb	Au
0.534	0.86	0.97	1.54	1.74	2.6	2.69	3.5	4.54	7.12	7.28	7.86	8.85	8.93	10.50	11.34	19.3
超軽金属																
軽金属								重金属								

酸性土壌の場合に著しくなる。これは，酸性土壌中には選択性が強い水素イオンが多く含まれるので，重金属イオンが土壌に吸着しにくくなるためである。また，重金属の中で水銀・カドミウム・クロム・鉛・銅などは特に土壌に吸着しやすいので，一旦，それらによって土壌が汚染されると，取り除くのは極めて困難である。したがって，重金属汚染対策としてはその予防が最も重要である。

[2] 産業由来（揮発性有機化合物）の土壌・地下水汚染

トリクロロエチレンやテトラクロロエチレンなどの揮発性有機化合物は，油脂洗浄力が非常に強いので，金属部品・IC・電子部品の洗浄，ドライクリーニングや塗料の溶剤として幅広く大量に使用されている。しかし，揮発性有機化合物は発ガン性などの毒性をもっており，その管理や使用方法，処理・処分の仕方を誤ると，広範囲で深刻な土壌・地下水汚染がひき起こされる。近年の調査によれば，揮発性有機化合物による土壌・地下水汚染は深刻化しており，原液に近い濃度で汚染されている事例も報告されている。

揮発性有機化合物がもつ一般的な性質としては，難溶解性・低粘性・高揮発性・土壌への低吸着性・残留性などがあげられる。また，

土壌・地下水の汚染原因としては，貯蔵タンクの破損による地下浸透など，さまざまな原因がある。

[3] 農業・生活由来（硝酸性窒素）の土壌・地下水汚染

農業による土壌・地下水汚染の中で最も深刻なものは，農薬による汚染である。**農薬**は使用目的によって**殺虫剤・殺菌剤・除草剤**に分類される。農薬による土壌汚染の特徴は農薬が意図的に，かつ広域に散布されて生じる点にある。農薬による汚染状況の推定のためには，個々の農薬の，土壌中での微生物による分解特性，土壌中での拡散状況，大気中へ揮散，土壌浸透による流出などを把握する必用がある。なお，近年では分解性が高く（残留性が低く），毒性の低い農薬が研究・開発され使用されるようになっている。また，人間やその他の生物に害を与えず，かつ特定の害虫に天敵となる微生物を感染させることで害虫を防除できるが，この目的で開発された農薬が微生物農薬であり，現在多くの**微生物農薬**が開発されている。

一方，従来から生活排水や無機・有機肥料の施肥や畜舎排水（屎尿等）などを原因とする硝酸性窒素による土壌汚染の拡がりが懸念されてきたが，その対策は遅れてきた。しかし，1999年の環境基準の改定で，硝酸性窒素の基準が健康項目に加えられたのち調査が進められ，全国規模での汚染の実態が明らかになってきている。

硝酸性窒素汚染の原因の中で，最も懸念されているのが畑地への窒素肥料の施肥である。特にレタス・セロリ・茶などの畑では，年間施肥量が1［トン/ha］を超え，その内かなりの量が作物に吸収されることなく地下水中へ流出して，硝酸性窒素汚染の原因になっていると考えられている。一方，水田における窒素の年間施肥量と作物としての収奪量はほぼバランスしていることが多い。また，濁水を灌漑用水として使用する水田では，水田へ流入する窒素量より流出する窒素量の方が少なく，水田が水質浄化に役立っているケースもある。したがって，水田が硝酸性窒素汚染の原因となることは

ポイント その28

揮発性有機化合物
　炭素と水素からのみなる化合物を，炭化水素とよんでいる。炭化水素の中で土壌・地下水汚染の原因となっている物質として，ベンゼン・トルエン・エチルベンゼン・キシレン・エチレン・エタン・メタン・テトラクロロエチレン・トリクロロエチレン・四塩化炭素などがある（毒性については表1-4参照）。これらの物質には揮発性を有しているものが多く，総称して揮発性有機化合物とよんでいる。

まれである。

[4] 廃棄物と土壌汚染

　廃棄物は，産業廃棄物と一般廃棄物（さらに家庭系と事業系に分類される）に分類される。廃棄物の量は年々増加の一途をたどり，処理場の確保が困難になりつつある。また，廃棄物の種類も多様化しており，その適切な処理が困難になってきている。さらに，不法投棄や埋立処分地から漏出した汚染物質による土壌汚染も社会問題となっている。

　したがって，廃棄物の適切な処理が必要であることは勿論のこと，リサイクル等によってその量を少なくする努力も重要である。

土壌・地下水の汚染処理技術　土壌・地下水の汚染処理技術としてはさまざまな手法がある。ここではその代表的手法の概略について述べる。

[1] 原位置で安全に保管する技術

　原位置とは汚染土壌・地下水の発生した場所のことをいう。汚染土壌の毒性が強い場合は，原位置で**固化**もしくは**不溶化**することが行われる。固化とは，汚染土壌にセメントミルクや水ガラスなどの

固化剤を加えたり，高温で土壌をガラス固化したりして，地中に封じ込める方法である（ただし，液状の汚染物質は固化できない）。また，不溶化とは，汚染土壌に各種の薬剤を加え，対象汚染物質を化学的に難溶性に変えて安定化させる技術である。

汚染土壌の汚染範囲を他の地域に拡散させないためには，**遮断工**や**遮水工**が使用される。遮断工は，例えば，コンクリート製の遮断槽に重金属で汚染された土壌を封じ込めるなどして，周辺環境から厳重に遮断する方法である。一方，遮水工は比較的汚染の程度の低い土壌に適用される手法であり，周囲をプラスチックシートや粘土などで囲い込み，汚染物質が外部へ漏出しないようにするものである。汚染土壌でも汚染の度合いが低い場合には**覆土工**や**植栽工**が使用される。覆土工は汚染土壌を汚染されていない土で覆い，また，植栽工は芝生や樹木で汚染土壌を覆うものである。これによって，汚染土壌が雨水によって流出することを防止しようとするものである。

これらの手法はいずれも汚染土壌を浄化するわけではないので，施工後も長期にわたってモニタリングを行ったり，将来抜本的な処理を行う必要がある。

[2] 原位置で処理技術

土壌汚染が地下数 m 程度であり，地下水面まで達していない場合は，汚染土壌を掘削・除去することがよく行われる。掘削された汚染土壌は敷地内または敷地外において処理され，有害物質の除去・回収を行う。

一方，地下水や土壌中の空気が汚染されている場合は，汚染地下水を揚水したり，汚染された土壌空気を吸引したりして汚染物質を除去・回収することが行われる。また，土壌汚染の範囲を制限するために汚染地下水の下流域に井戸を設けて揚水し，汚染の下流への拡散を防止する手法もある（これをバリア井戸とよぶ）。

[3] 無害化処理技術

ここでは汚染土壌・地下水を無害化する各種手法について述べる。

①風力乾燥（自然乾燥・強制乾燥）：揮発性物質で汚染された土壌を掘削後，盛土して自然乾燥もしくは強制乾燥によって揮発除去する技術。

②ばっ気：汚染された地下水を原位置もしくはタンクなどに貯めたあと，強制的に空気注入や攪拌などを行って汚染物質を水中から除去する技術。

③活性炭吸着：ガスまたは地下水中の汚染物質を，単位質量あたりの表面積が大きく，吸着性に富む活性炭を通過させ，吸着して除去する技術。

④熱処理（熱分解，熱脱着・揮発）：土壌を加熱して，土壌中の汚染物質を揮発・分解させて，除去もしくは安定化する技術。

⑤土壌洗浄：重金属は，特定サイズの土粒子に吸着していることが多い。この性質を利用して，汚染土壌を粒度により分別した上で，目的とする重金属を含む粒度の汚染土壌を分離・除去する技術。

⑥バイオレメディエーション：微生物を使用して汚染物質を分解する技術であり，土壌掘削やそれに伴う二次汚染のおそれの少ないクリーンな技術である。現在，さまざまな汚染物質を分解する微生物が発見され，現場で応用されている。

⑦化学的分解：汚染物質を化学的に酸化・還元・触媒反応などを利用して分解したり，安定化する技術。

第3章

環境と経済

人類の経済活動の大規模化に伴って自然環境破壊が進行している。そもそも経済活動は人々の幸せや豊かさを目指すものであるから，それによる環境破壊がわれわれを苦しめるとすれば本末転倒である。本章では経済活動と自然環境とのかかわり，および自然環境を破壊することのない経済活動のあり方について述べる。

経済活動と環境問題

環境経済学の成立（環境と経済の対立） 環境を守ることと，経済活動によって人々が豊かになることとは両立しないと考えられがちである。例えば，企業が排水浄化のための高額な投資をすれば製品価格は高くなり，企業や消費者の利益が失われる。人類の経済活動が小規模であり，自然環境汚染や破壊が限定的であった昔は，環境を守ることなどを考えずに，経済的利益を追求しても問題が顕在化することはまれであった。しかし，近年は人間の経済活動が爆発的な人口増加とあいまって大規模になり，資源の枯渇や自然環境のこうむる悪影響が深刻になってきている。例えば，地域スケールの環境悪化のみならず酸性雨のような多国間にわたる環境問題や，地球温暖化のような地球規模の環境問題までが顕在化するに至っている。また，環境破壊による生物種の絶滅等，生態系に及ぼす悪影響も拡大している。いまや，自然環境に配慮しない経済活動は成立しないと考えてよい。

本来，経済活動は豊かさを創造して人々を幸福に導くはずのものであるから，経済活動が引き起こす環境破壊が人々を不幸にしているという，近年よく見られる実態は，環境という要素を考慮しない従来の経済活動のあり方が，経済活動が大規模になった現在の時代にそぐわなくなっていることを意味している。したがって，環境と経済活動の対立関係が生じる原因を明らかにし，両者を調和させて良好な環境を維持しながら経済活動を持続させることが必要になる。このような問題を扱う経済学の新しい分野が**環境経済学**である。

環境経済学の成立以前は，経済活動が過度の環境破壊をもたらすと予測される場合には法律や政治の力が行使された。しかしそれらの力を利用するには人的なパワーと多大な労力そして時間が必要であったし，しかもその結果，必ずしも環境が保全されるとは限らな

かった。なにより，意志決定の基準や過程が不透明なことが多かったのは大きな問題点であった。したがって，環境経済学には環境基準の設定や環境政策の実行に合理的な根拠を与えるはたらきも期待されている。

経済活動からみた環境とは（経済学による環境問題の解釈）

　従来の経済学で自然環境が正しく扱われなかったのは，自然環境が経済学の基本概念である**「市場」**や**「取引」**にそぐわない性質をもっているからである。そしてそのことが，経済活動が環境問題を生み出す原因ともなってきた。以下にそのような環境のもつ性質を整理してみよう。

　①自然環境は自由に好きなだけ利用できる：われわれは経済活動において，森林の木材，河川水や地下水，石炭や石油など自然の恵みである資源を消費し，森林を伐採した耕地で農業を営み，排水・排ガス・廃棄物などを自然界に放出している。このような自然環境の利用においては，資源の枯渇のような物理的な限界以外に利用量を制限するものはない。つまり，利用量は利用者が自ら決めることができ，市場で取引するような相手はいない。そのために自然環境を経済学の対象にするのは難しく，また，自然環境が過剰に利用される原因ともなってきた。この結果生ずる**自然環境の過剰利用**は，自分だけでなく他人にも影響を及ぼすし，長期的には自分にも悪影響を及ぼすものである。そして，最終的には資源の枯渇や重度の環境汚染を招き，経済活動そのものが立ち行かなくなってしまうのである。

　②経済活動がもたらす環境汚染は金額で表しにくい：市場で取引される商品の価格は，生産や流通にかかる費用と消費者の欲求のバランスで決まり，それが生み出す環境汚染の量は考慮されない。つまり，環境に悪影響を与えているからという理由では価格は上下し

ない。また，企業や政府，そして消費者も金額に表れる経費や価格の上昇には敏感だが，金額に表れない環境汚染の増大には鈍感である。また，経済学自身も金額に表れない変化を扱うのは苦手である。このように，環境汚染による人々の苦しみは金額で表わしにくいために，経済学の対象になりにくいのである。この問題の解決のためには，環境汚染を定量的に評価（金銭的に評価）し，企業や政府が汚染による人々の苦痛を考慮にいれて行動するような仕組みをつくらなくてはならない。

　③自然環境の恵みが十分に解明されていない：自然環境は間接的に人間の役に立っていることもあるし（害虫を食べてくれる昆虫，大気をきれいにしてくれる森林など），長期的に役に立っていることもある。また，従来はまったく役に立たないと考えられていた自然環境さえも，自然科学の発展に伴ってその役割と価値が発見されるようになってきている。つまり，直接的な価値や短期的な視点のみでは，自然環境の本来の恵みを見失い，重要な役割をもつものを無価値であるかのように錯覚するおそれがある。例えば，長い間，原生自然は無価値であって，それを開拓するのは土地の価値を高めることだとされてきた。しかし，そのためにわれわれは，原生自然のもつ多くの有用な環境機能を失ってきたのである。このように，十分には解明されていない自然環境の価値を扱うのは経済学では難しい。

　以上のような要因によって，経済学で環境を正しく扱うことは容易ではない。そのために，経済と環境が対立するかのような関係がつくりだされてしまったのである。しかし，環境破壊は人々を苦しめるのみならず，いずれ経済活動にも悪影響を及ぼすものである。また，経済活動が人々を苦しめるのであれば経済活動の目的に反しているし，経済活動が環境破壊によって悪影響を受けるようになれ

ば経済もまた被害者となるのである。したがって，経済活動において環境問題へ配慮することは，短期的には経済にとってマイナスになる場合もあるが，長期的にみるとむしろ大きなプラスになることに留意すべきである。つまり，破壊された自然環境を修復するために，得られた経済的利益よりも多大な費用を投入するのでは割に合わない。それよりも，最初から環境に配慮して経済活動を行った方が効率的・合理的であり，経済学の目的に合致しているのである。このことを明確に打ち出したのが**「持続可能な発展」**の概念である。

持続可能な発展　前二項で述べたように，経済活動が過度の環境破壊を伴うことがあってはならない。したがって，経済活動には自然環境保全の視点から見て，おのずから**適正な規模**が存在する。この適正規模の経済活動による発展を「持続可能な発展」とよんでいる。持続可能な発展の概念は直観的にわかりやすいこともあって，今日では広く社会に受け入れられている。しかしながら，それをどのように達成するかについてはさまざまな議論がある。その中で多くの論者が重要と指摘するのは，**自然環境を尊重すること，将来世代へ配慮すること，貧困者に配慮すること，**の3点である。以下にそれぞれの概念の概略について述べる(図3-1参照)。

①自然環境を尊重すること：**自然環境を人工物で安易に置き換えることを戒める言葉**である。つまり，自然環境の機能を人工物で完全に代替するのは不可能であり，ひとたび失われると復元できないことが多い（例：絶滅種は二度と復活しない）。また，復元可能でも莫大な時間と費用がかかるケースが多いので，なるべく自然をそのままの形で保全することが望ましい。このとき，人工物とは下水処理場やコンクリートのビル，舗装道路ばかりではなく，植林地や

- **自然環境を尊重すること**
  （自然環境は複雑であり人工物で完全に代替する事は不可能）
- **将来世代へ配慮すること**
  （子孫のために資源や環境を保全する）
- **貧困者に配慮すること**
  （立場の弱い貧困者には十分な配慮が必要）

図 3-1 「持続可能な発展」のためのポイント

田畑なども一見自然にみえても人工物であることに注意を要する。自然環境に似せてつくった人工物は，元の自然環境よりも劣った機能しか発揮できない。例えば，人工林やダム湖などは，自然の森林や湖に比べて生物相が貧弱であったり汚染物質の浄化機能が低かったりして，自然環境としての価値は低いのが一般的である。つまり，自然環境は複雑で巧妙な仕組みをもっており，さまざまな機能を複合的に発揮しているので，人工物はそのなかの一部の機能を代替できるだけであって，元の自然を完全には再現できないのである。

②将来世代へ配慮すること：**短期的なものの見方を戒める言葉**である。現在の経済活動のために将来の人々の可能性を狭めたり，経済的利益を損なってはならない。つまり，われわれが資源を使い尽くすと将来世代は利用できなくなるし，環境を汚染すれば将来世代はその対策に多くの資源や費用をかけなくてはならなくなる。重要なことは，将来世代が現在のことに口出しのできない，意思決定プロセス上の弱者の立場にあるということである。将来世代が犠牲になるような経済活動は認めるべきではないのである。

③貧困者に配慮すること：**画一的な対応を戒め，公正さと人道的対応を強調する言葉**である。多くの貧困者は自然環境を収入源としており，やむをえず環境を破壊しながら生活していることが多い。そのような貧困者の環境破壊をも一律に禁止するのは人道的見地に反するだろう。貧困から脱出して，違う方法で収入を得られるように援助を与えることこそが必要である。それが，結果的に環境をも守ることになるのである。この意味で，貧困撲滅のための援助は環境政策の側面もあわせもつ。つまり，貧困ゆえの環境破壊は国際社会を含めた社会全体で埋め合わせするのが望ましい対応といえよう。また貧困者は一般に，環境変化による被害をこうむり易い立場にある。それは，財力の乏しさゆえに環境変化に対処するすべをもたないし，収入源たる自然環境が不安定なため（異常気象などの影響を受けやすい）でもある。したがって，経済活動による環境変化が小さな場合でも，そのしわよせが貧困者に偏るときには十分な配慮が必要である。

以上に述べたように持続可能な発展の概念に基づいた経済計画や政策は，経済的効率性（より少ない資源で目標を達成すること）の見地と相容れないことが多い。しかし，効率よく資源を使うことは当然のことであるが，持続可能性にはそれを上回る優先度が与えられるべきなのである。

環境経済と環境政策

環境の価値分類　経済活動に環境を考慮するためには，環境の定量的な評価，つまり，環境を貨幣価値で評価することが不可欠である。そのためには，環境を経済活動とのかかわり方を念頭に置いて分類し，考察する必要がある。つまり，環境は次のように分類することができる(図3-2参照)。

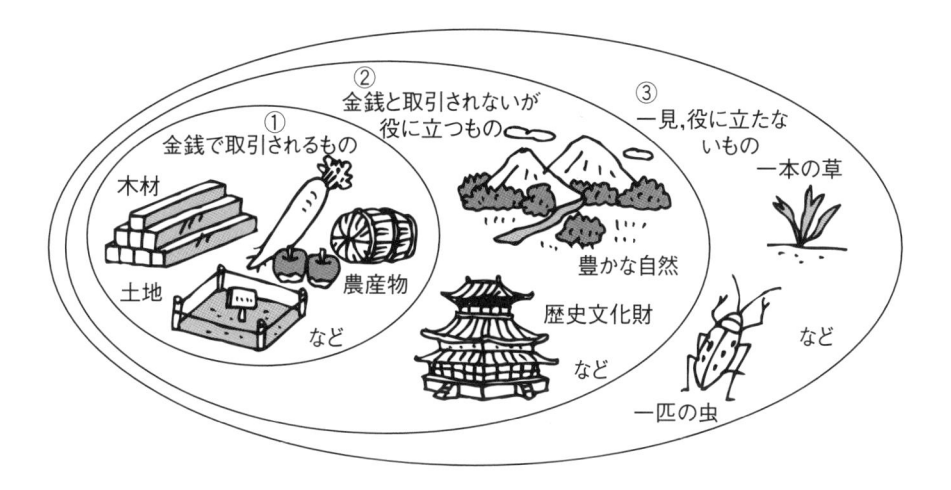

図3-2 自然環境の価値分類

①金銭取引されるもの：原油や木材などの資源，野菜や果物などの農産品，土地等のように，すでに価格が設定されているものである。

②金銭取引されないが，役に立つもの：きれいな空気，おいしい水（一部は商品化されているが）などは価格が設定されていないが，われわれに満足を与えてくれる。安全（国防や治安等），美しい風景なども同様である。直接役に立たなくても，めぐりめぐって人間の役に立っているものもあるし（害虫を食べてくれる動物など），存在しているだけでわれわれの心を豊かにしてくれるものもある（象徴的な自然景観，歴史的文化財など）。

③一見役に立たないもの：野原の一本の雑草は一見無価値にみえる。しかし，それも自然生態系の一部を構成している存在である。人間の役に立たないから無価値と考えるか，それでも価値があると考えるか，人によって意見の分かれるところである。人間に害を与える動物や病原虫などはマイナスの価値をもつと考える人もいるかもしれないが，それらも自然生態系の一部分を構成していることに

は違いない。また，自然環境は複雑で巧妙な仕組みをもっており，将来それらも役に立つ存在であることが判明するかもしれない。

ここで自然環境のもつ価値を，特定の生物種を事例としてより詳細に考える。考える生物が，家畜として，または薬の原料として，あるいは愛玩動物として役に立つなら①の価値があり，市場で取引の対象となりうるだろう。もし，そういった価値がなくても，その種が地球上に存在することによって精神的安らぎを得る人がいるとするならば，②の価値があるといえる。①と②の価値がない場合でも③の価値をもつことは多い。

例えば，世界中で多くの絶滅危惧種がリストアップされ，それらの保護は社会のコンセンサスを得ている。したがって，絶滅危惧種は①，②の価値がない場合でも③の価値がある。また，現在③の価値しかない生物でも将来は②または①の価値をもつ可能性がある種もいる（何の変哲もないと思われていた生物から，きわめて重要な薬効成分が見つかったこともある）。このように①，②，③の価値分類は固定できるものではなく，社会背景とともに移り変わっていくものである。

自然環境のうち，①に当たるものについては，適切な価格さえ設定できれば経済学で容易に扱うことができる。②のカテゴリをどのように扱うかが現在の主要な課題であって，③についてはまだ倫理的・哲学的な議論の段階にあるため，経済学では扱い難い。

ところで環境経済学では，自然環境の価値を図3-3のように分類することが多い。同図に示すように自然環境の価値は大きく**「消費される価値」**と**「消費されない価値」**に分類される。「消費される価値」には①と②の一部が該当し，「消費されない価値」には②の一部と③が該当する。また，自然環境は「現在享受される価値」と「将来享受される価値」に分類できる。以下にそれぞれについて説明する。

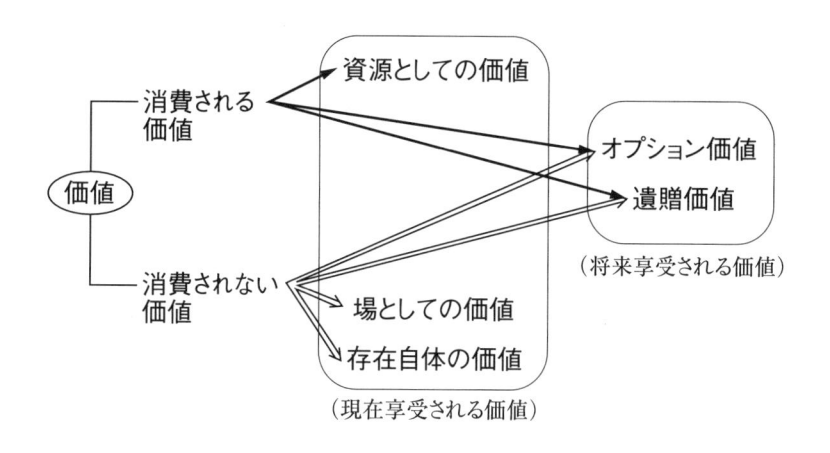

図 3-3 環境経済学での価値分類

　「**現在享受される価値**」はいま現在役に立つものであり，また，その性質によって，「**資源としての価値**」，「**場としての価値**」，「**存在自体の価値**」の三つに分類される。この中で「資源としての価値」とは，使った分だけ消費されるような価値である。「場としての価値」とは，レクリエーションや景観などのように場として利用する価値である。視覚や聴覚・触覚などを通してわれわれを楽しませてくれる価値であり，消費するわけではないから，利用しても減らない価値である。「存在自体の価値」とは，利用するしないに関係なく存在すること自体がもつ価値である(例えば，富士山である。ポイントその29参照)。

　一方，「**将来享受される価値**」は将来世代のために残しておく価値であり，「**オプション価値**」と「**遺贈価値**」に分類される。これらの二つはやや理解しにくい。まず「オプション価値」とは，利用する可能性を将来に残しておく価値である。つまり，現在は利用するあてがなくとも，あとで利用したくなる可能性がゼロでなければ，そこには価値があるとみなすことができる。例えば，絶滅危機種の

保護などはこの側面をもつ。つまり，オプション価値は将来の利用可能性を見込んだ価値である。また「遺贈価値」とは，現在利用する事で価値を生むものでも（森林や石油・石炭などの資源など），将来世代のために保全する価値である。これらの将来に関する二つの価値は，時代によってその価値が上下するなど不確実性がつきまとうので，価値の大きさを確定させることは難しい。

図3-2や図3-3に示した分類は自然環境のみならず，世の中のすべてのものにあてはめることができる。しかし，その中で自然環境の場合は，図3-2の②と③の価値，図3-3の「場としての価値」，「存在自体の価値」が大きなウェイトを占めること，そして将来の価値に大きな不確実性のあることが特徴である。

自然環境の評価法　前項で，環境を経済活動で考慮するためには環境の定量的な評価が必要であることを述べ，そのための基礎として自然環境の価値分類を行った。ここでは，より具体的にその評価法について述べる。

近年，環境保全のために，金銭的利益を生まず誰も対価を払わない事業を実施することが増えている。このとき，どの事業を実施するべきか，いくら出資するのが妥当であるのか，などの判断のためには，環境保全によって生み出される価値を評価することが重要である。

環境保全のための事業を実施するか否かを決定する上で，まず重要なことは，その事業によって出費金額に見合うだけの価値が得られるのかを判断することである。事業への出費はもちろん貨幣単位（予算10億円の事業など…）で表されるので，保全される環境の価値も**貨幣単位**で表すことが望ましい。しかし，もともと環境は貨幣単位ではなく，さまざまな**物量単位**（メートル，匹数，℃など）として表されるものであるので，**物量単位から貨幣単位への換算**がで

ポイント その29

富士山の価値

　富士山はどういう価値をもっているだろうか。富士山は，消費される資源ではないので「資源としての価値」はなく，①の価値はもたない。しかし，絵画の題材になったり登山の対象になったりしてわれわれの心を満たしてくれる。これは「場としての価値」であり，②の価値にあたる。さらに，富士山を目にしなくとも，わが国の象徴的な自然として，日本人の心の支えになってくれている。これが「存在自体の価値」である（「場としての価値」と解釈することもできる）。

　富士山を子孫に残したいと思わない人はいないだろう。つまり，富士山は「遺贈価値」をもっている。また，「いつの日か富士山に登りたい」「富士山からの日の出を見たい」という願望をもつ人がいれば，富士山は「オプション価値」をもっていることになる。

　ところで，何千年といった長い時間スケールで考えれば，富士山も高くなったり低くなったり，姿形を変えたりするだろう。われわれの評価もそれに伴って上下する。また，富士山が日本の象徴や日本人の心のふるさととされるようになったのは，明治政府の政策も大きく関与した（それまでの富士山は，見た人から伝え聞くだけの美峰としてあった）。このように自然の価値は，時間やさらには政治の関与まで受けるのである。したがって，本質的に自然環境の価値はとらえにくく，変動の激しいものである。

きれば便利である。

　ところで自然環境を貨幣単位で評価するためには，それが複雑な相互関係をもっていることを考慮する必要がある。例えば，森林を伐採すると，木の本数が減るだけでなく，生息場を失った植物や小動物が減り，それらを餌にしていた大型動物も影響を受ける。また，伐採地周辺では気象状況（気温・湿度・日射など）が変化するので，それによっても多くの生物が影響を受ける。環境評価の手法としては，このような変化を一つ一つ追いかける方法と，全体をまとめて

評価する方法の二つがある。つまり、物量単位で表されたさまざまな環境要素をそれぞれ貨幣単位に換算して足し合わせる方法と、多くの要素からなる環境全体を一括して貨幣単位に換算する方法である。以下に環境を貨幣単位に換算する3種類の手法の概略について説明する(図3-4参照)。

①代替法（環境機能を人工的に補うとして評価）：経済活動によって失われる自然の機能の損失額を、それを人工的に補うための構造物を建設・維持する費用として貨幣単位で評価する方法である。例えば、河岸のコンクリート化や湿地の埋め立てによって失われる自然の水質浄化機能を評価するには、同じ浄化能力をもつ水処理施設を建設し運転する費用を計上すればよい。また、大気汚染による損失額を評価するには、汚染を取り除くのにかかる費用（空気清浄器の設置など）を計上する。

②顕示選好法（環境への支出額で評価）：環境の良し悪しによる価格の変化に着目する手法である。例えば、自然公園への入場料は自然が貴重なほど高いし、地価や家賃などは周辺環境が良いほど高いだろう。本手法はこのような対象について、環境の悪いものの価格と環境の良いものの価格を比べ、その差を環境の価値とする方法である。価格に加えて、費やす時間や経費も考慮に入れる必要がある。なぜなら、遠くから時間や経費をかけて訪れる訪問客は、それだけの価値が目的地にあると考えているからである。なお、本手法による具体的な計算法には、旅行費用法（移動時間と旅費で評価する）、ヘドニック法（地価で評価する）などがある。

③表明選好法（意識調査により評価）：アンケート調査等によって、環境の評価値を人々に直接尋ねる方法である。顕示選好法と同じように、良い環境と悪い環境の差をとって、「悪い環境を良くす

①代替法
「人間がやったらいくらか」

②顕示選好法
「人々はいくら払っているか」

③表明選好法
「あなたはいくら払いますか？」

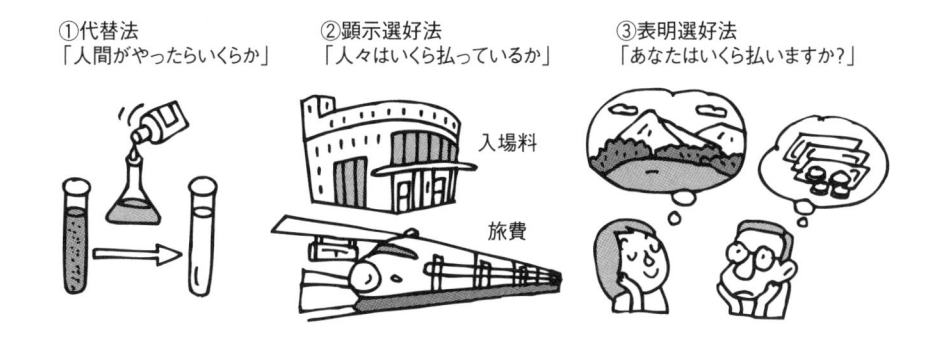

入場料

旅費

図 3-4　環境評価法の分類

るのにあなたが払ってもよいと考える金額はいくらですか？」のような質問をする。もちろん実際に使われる質問文はもっと具体的なものである必要がある（場所，良くなる環境の内容，時間，範囲，効果など）。また，多数のサンプルをとり，統計処理を施して評価額を定める必要がある。なぜならば，代替法や顕示選好法では実際に支出される金額が直接算出できるのに対して，表明選好法は質問で尋ねるだけであるため，間接的かつ仮想的になり信頼性が低いからである。さらには，尋ねられた人が正直な答えをするとは限らないし（わざと嘘をつくことも考えられる），質問の意味を誤解して答えるかもしれないことにも注意しておく。

　以上の評価法の中で，**代替法**が環境の機能をダイレクトに補う費用を計算しているのに比べ，**顕示選好法**では環境の価値が地価や入場料や移動時間などの形で表されると仮定している。後者は少し間接的な評価になる分だけ信頼性は落ちるものである。**表明選好法**はさらに信頼性が低い。よって，評価値の信頼性としては代替法が最も高く，表明選好法が最も低く，顕示選好法はその中間ということ

になる。

　しかし適用範囲の観点から見れば，逆に表明選好法が最も広く，代替法が最も狭い。つまり，代替法では人工的に代替できる環境機能しか評価できず，顕示選好法では値段にひびくような環境要素しか評価できないが，**表明選好法は工夫すればどんな対象でも質問できる**からである。したがって，環境の個々の要素を精度良く評価したいときには代替法や顕示選好法が有効だが，環境を包括的に評価したいときには表明選好法の方がより有効であるといえる。このことから，現在使われている環境評価手法としては表明選好法が主流である。米国では裁判の資料にまで採用されるようになっているし，日本でも公共プロジェクトの評価などに利用する動きがみられる。同手法の主な欠点は，質問のしかたによって答えが大きく変わることと，統計処理の精度をあげるためには多数のサンプルが必要となって，調査費用がかさんでしまうことである。その為の対策として，現在，質問方法や調査規模節約など，その欠点を克服する努力・研究が進められている。

　このようにさまざまな方法で環境を評価する試みがなされているが，それでも，自然環境の真の価値を正確に貨幣単位で評価することは不可能であると考えられる。それは自然科学の発展によって自然界のいろいろな仕組みが明らかにされてきているものの，その仕組みは極めて複雑であり，人類が自然環境を完全に知り尽くす日は永遠に来ないだろうと予測されるからである。したがって，環境評価には情報の制約が常につきまとっている点を考慮に入れて，環境経済学では**人々が妥当であると納得できる評価**をすることを主要な目的としている。その意味では，表明選好法は自然環境を測るというよりむしろ人々の意識を測る手法であり，環境経済学の目的により合致した方法であるといえる。

　しかしながら，自然環境の本質的な価値と人々の意識とは本来無

> **ポイント その30**
>
> **表明選好法の質問方法**
>
> 　表明選好法では，調査者はアンケート調査の質問作成に頭を悩ませる。これは質問に対して意図した答えが返ってこないことが多いからである。つまり，回答者は質問者に気に入られようとわざと高い（または低い）金額を答えたり，質問を誤解して的はずれの金額を答えたり，他人の回答に引きずられたりする。また，調査自体が気に入らないために回答を拒否したり，低い金額を答える人もいれば，本当にお金を取られたらたいへんだと心配して嘘をつく人もいる。さらには，たいして考えもせずに，環境を守るのは良いことだといっていいかげんな答えをする人もいれば，調査する場所，時間帯によって回答者が偏るおそれもある（例えば，平日の昼間に住宅地で訪問調査をしたら，主婦ばかりの偏向した調査結果が得られる）。
>
> 　アンケート調査の中で最も難しいのは金額の提示方法である。いきなり「何円の価値を認めますか？」と尋ねても多くの人は面食らってしまう。そこで，たくさんの金額を並べて選んでもらう方式や，具体的な金額を提示して「○○円なら払ってもよいですか？」とYes/No二択で尋ねる方式などが考え出されている。
>
> 　また，良い調査をするには，中立的な正しい情報を整理して与えること，わかりやすく具体的な質問をすること，調査地点と調査方法をよく吟味すること，などが大切である。そして何回か予備調査をして，万全な準備が整ってから本調査にかからなくてはならない。したがって精度の高い調査を実施するためには，かなりの時間と費用がかかるのが一般的である。

関係なものであるから，表明選好法による評価値は自然環境の真の価値を測っているとは言い難い。それでも調査対象を人々とすることで，環境経済学上はその妥当性を高めているのである。この，それぞれの人に環境を評価してもらい，それを集計して結果を求めるという形は，住民投票に似ている（ただし，住民投票は1人1票だが表明選好法では各自が異なる金額を提示して投票することが相違

点である)。また，表明選好法では投票者(回答者)が，経済活動から得られる満足感と良好な環境から得られる満足感を自分の中で比較して回答を出し，そして，多くの人が評価した環境には高い価値がつくのであるから，民主主義的な評価方法といえよう。

ただし，以上に述べた評価法はまだ試行の段階にあり，誰もが納得できるレベルには達していないのが現状である。そして，それぞれの手法の評価精度を上げる試みと同時に新しい評価手法の開発も進められ，部分的・実験的に政策上の試みとしてのみ利用されている段階である。なお，環境評価は環境政策・計画には欠かせないものであるため，その高精度の手法の確立に向けた研究・発展が期待されている。

環境政策の経済学的評価　環境政策とは，適切な環境水準を定め，その水準を達成するために手段を講じることである。また，目標をより効率的に(＝少ない資源消費で)達成できる手段を講ずることが優れた政策であるといえる。ここでは，目標環境水準を達成するための手段として「環境規制」，「環境税」，「環境補助金」，「環境権取引」を取り上げ，その概略について以下に説明する。

①環境規制：環境規制とは，環境汚染者に対して，例えば水域の水質悪化に対処するために，水質基準値を設定して工場排水や家庭排水の水質や量を規制する方法である。この手段は，目標を手早く達成するには優れているが，経済的に効率的とはいえない。その理由については以下の「環境税」で説明する。また，基準値や規制方法(一律の基準で環境規制をするか，工場・農業・家庭等に分けて基準を設定するかなどの選択肢がある)の妥当性が問題になる。現実には，しばしばあいまいな根拠や政治的な思惑に基づいて決められてしまう。

環境経済と環境政策　99

税金＞削減費用
なら汚染物質量の削減をすすめる

税金＜削減費用
なら汚染物質量の削減をせず税金を払う

図3-5　環境税の効果

②環境税：環境税とは，例えば水質基準を達成するために，排水中の汚染物質の量に応じて環境汚染者から徴収する税金である。この場合，環境税が導入されると，安い費用で汚染物質を自ら削減できる者は排出量を大きく削減し，対策費用が多額になる者は削減せずに税金を払うことになるだろう。つまり，削減費用と税金を各自が比べて，安い方を選んで出費する。一律規制の場合は削減費用にかかわらず全員が削減しなくてはならないから，社会全体でみると（対策費用が高くなる人たちの分だけ）対策費が大きくなり経済的に非効率になる。つまり環境税の導入は，一律規制の場合に比較して効率的な環境対策といえるのである(図3-5参照)。また，広く国民から環境対策費（③参照）を環境税として徴収する方法もあり，各方面で検討されている。

③環境補助金：環境補助金とは，環境保全のために汚染物質の削減量に応じて政府もしくは公的機関が環境汚染者に補助金を与える方法である。削減量が多いほど補助金が多額になるが，汚染物質の排出者はその削減の為の費用と補助金を比べて削減するかしないかを判断することになる。

よって，お金の動きは逆になるが，税額または補助金額と削減費用が等しくなるまで削減が進むという意味では，環境汚染者に対す

る環境税と環境補助金は理論的に同じ汚染削減効果をもっている。しかし，政策が大規模であれば両者の社会への影響は異なる。つまり，環境税の場合は処理費用が製品価格の上昇につながり，最終的には消費者がコストを負担することになる（ただし，税収は政府が環境対策等に投入することができる）。一方，補助金の場合には産業の収入が増えるので製品の価格を下げたり環境対策設備に投資したりすることができるが，政府は補助金の財源を用意しなくてはならない。財源として税金を使うなら，国民が広くコストを負担することになる（図3-6参照）。

①〜③の環境政策のための手段の中で，環境補助金の財源を政府もしくは地方自治体が用意することは，現在のような財政難の中では困難である。また，環境税を，一般国民に課して財源とするためには社会的コンセンサスを得るのに十分な時間が必要であり，すみやかな環境対策とはならないことが多い。

ところで，**汚染者に課す環境税は効率の良い合理的な方法**であるが，実施例は少ない。むしろ非効率と考えられている環境規制が主要な政策として多く採用されているのが現状である。また，環境税が実施されている事例でも，補助金との併用など変則的な導入が多い。

このように環境税の実施が困難である理由の一つは，**環境税率の決定に必要な情報が入手しにくいこと**である。環境税率とそれによって達せられる環境基準値の定量的関係を得るには，各産業の環境対策費用とその効果を知らねばならない。しかしそれは産業の経営にかかわる内部資料であり，行政当局が入手するのは難しいのが現実である。さらに，環境基準値の設定のためには環境の評価が必要であるが，前述のように社会的コンセンサスが得られる手法が未確立であることも障壁となっている。

さらに，環境税は市場原理を通じて環境をコントロールしようと

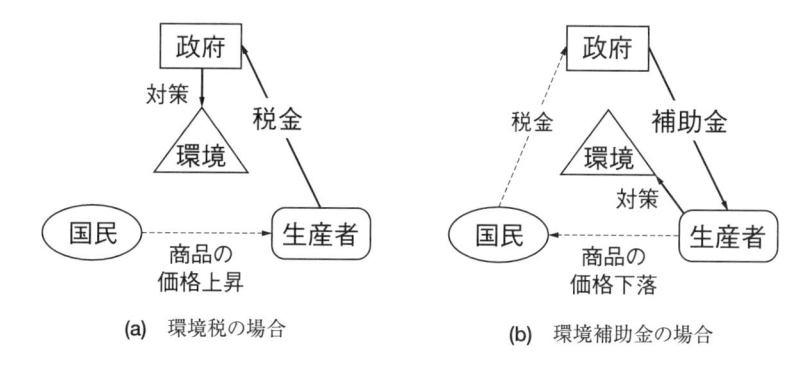

図3-6 環境税と環境補助金の比較

(a) 環境税の場合
(b) 環境補助金の場合

する経済的手段であり，直接規制に比べて即効性に欠けることは否めない。公害問題が顕在化した時代の日本のように，環境対策に**緊急性と実効性**が求められるときには環境規制の方が効果的であることも多い。また，環境規制は目的と手段がはっきり結びついており，社会に対して「環境対策に熱心」というメッセージもストレートに伝わる。これらの事情から従来は環境税の導入はなかなか進まなかったと考えられる。

　④環境権取引：環境税を変形した経済的手法として，「**環境権取引**」がある。これは，図3-7(a)に示すように政府が自然環境内で許容される**環境利用量**（例えば，汚染物質の排出量）の権利（**排出権**という）を市場に出し，その権利を買った者だけに権利分の環境利用（例えば，汚染物質の排出）を認める制度である。したがって，環境を利用しようとする企業は利用量に応じた権利を買わなくてはならない。逆に利用量を削減する企業は図3-7(b)に示すようにもっている権利を自由な**市場原理**に基づいた価格で他社に売ることができる。これにより，政府は市場に出す権利の量を加減して環境水準をコントロールすることができる。環境権取引では権利の取引価格

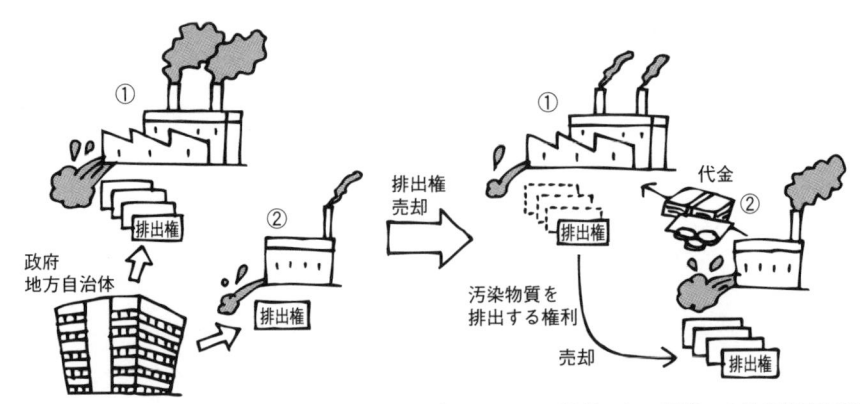

(a) ①の企業が②の企業より多くの排出権を所有　　(b) 工場①から工場②への排出権売却後

図 3-7　排出権取引の模式図

が各企業の対策費用を自動的に反映するので，税率決定に伴う困難のほとんどを回避できる．

現在，地球温暖化問題対策の一つとして国際的な二酸化炭素排出権取引制度が提案され注目を集めている．これは，環境権取引の事例である．この場合，例えば，工業の発展により二酸化炭素の排出量が増える国は，相当の金額を支払って排出権を他国から買わなければならない．

環境政策（環境対策費用の負担）　前項で述べたように環境税と環境補助金は同様な効果をもっているが，費用負担者は異なる．それではそのどちらがよりよい政策であろうか．また，環境対策に要する費用を誰が負担すべきだろうか．環境政策の実施段階ではこのような費用負担の論議を避けて通れない．

費用負担には，3つの選択肢がある．①税金等の形でみんなで負担する（**公共負担**という），②環境改善により利益を受ける者が負担する（**受益者負担**という），③環境を悪くした者が負担する（**原

ポイント その31

レジ袋の有料化制度

　スーパーやコンビニで買い物をした際に使われるビニール袋を，有料化しようとする動きがある。杉並区が発表した「レジ袋税」では，袋1枚につき5円程度の税金を徴収することとしている（「杉並区における当面の税財源確保策について＜検討結果報告書＞」区税等研究会，2000年9月）。これは一般国民に広く課す環境税の一種とみなすことができる。つまり，ビニール袋の生産・流通に伴う環境負荷（エネルギー消費やごみ排出）に課税しているのである。この場合，レジ袋税は消費者がスーパー等を通して区に支払い，区はその収入を環境保全事業に使うことになる。

　この課税を実施すると，レジ袋の便利さが5円以下だと思う人たちは買い物袋を持参するようになり，5円以上の価値を感じるとき（荷物が多いとき，買い物袋を忘れたとき，袋を再利用したいときなど）は5円払って袋を使うことになるだろう。この方法は一律にレジ袋の使用規制をするのに比べ柔軟で効率的な環境対策といえる。

　難しいのは税額の設定である。安すぎると誰も買い物袋を持参しないだろうし，高くするほどレジ袋の消費量を抑えられるのだが，あまりに高いと人々に苦痛を強いるケースが出てくるだろう。また，環境税は税収をあてにするものであってはならないことを忘れてはならない。なぜなら，税収が少ないほど（環境負荷が小さいのだから）喜ばしいからである。杉並区では，ペットボトル等への課税や大型自動販売機への課税も検討している。いずれも今回は見送られているが，注目すべき取り組みである。

因者負担，あるいは**汚染者負担**という），の3つである（図3-8参照）。このうち③の考え方が，国際的な環境政策の原則として1972年にOECD（経済協力開発機構）によって提唱されて以来，「**汚染者負担の原則**」として世界中に普及し，社会的コンセンサスを得るに至っている。

　この汚染者負担の原則は直観的に受け入れられやすい概念である

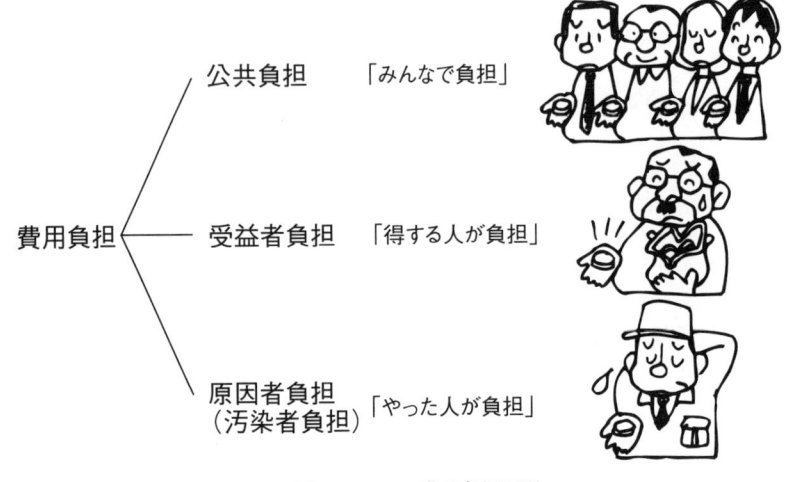

費用負担 ─┬─ 公共負担　　「みんなで負担」
　　　　　├─ 受益者負担　「得する人が負担」
　　　　　└─ 原因者負担　「やった人が負担」
　　　　　　（汚染者負担）

図 3-8　3つの費用負担原則

が，すべての環境問題に適用できるわけではない。国立公園の整備や森林保全などは，原因者も受益者も特定困難であるから公共負担が望ましいだろう。一方，特定の人々が通常以上に良い環境を得る場合には，受益者が負担すべきである。

　負担原則を考える際，特に重要なのは**権利の所在**である。例えば，先進国と発展途上国の間の国際環境問題を考えてみよう。現在，発展途上国を汚染源とした酸性雨・大気汚染・地球温暖化などの環境問題が多発している（もちろん先進国を汚染源とするものもある）。この場合，先進国の環境権を優先するならば，途上国に環境対策を義務付けるべきだということになろう。しかし，このための対策として発展途上国に高価な汚染処理設備の設置を義務付けることは，その国の経済発展を阻害する要因となってしまう。そのような要求は，かつて先進国の工業化が途上国の資源や労働力を基盤にして進められてきた経緯を考えると一方的である。

　最近では，途上国には**「発展する権利」**があり，途上国の環境対

策で環境悪化防止の利益を受ける先進国側が対策費用を出すべきだ，という考え方が提示されている。これは「持続可能な発展」のところで挙げた「貧困者への配慮」に即した考え方であり，また，受益者負担の考え方に立脚するものでもある。

ところで，権利の所在が大きな問題となってきた事例として河川水がある。河川水は太古の昔からさまざまな形で人々に利用されてきた。特に農業にとって農業用水の確保は死活問題であり，各地で水をめぐっての争いが展開された歴史がある。例えば，上流に位置する農家が多量の水を取水すると，河川水が枯渇し下流の農家は取水できなくなる。このような場合は，たいてい先に水を利用した実績をもつ者が権利上優位であって，後から入って水を利用しようとする者は補償金を払うなどして水を分けてもらわねばならない。この水の利用に関する権利を**水利権**とよんでいる。

同様のことは水質等の環境についても言える。例えば，上流に多くの人が住んでおり，そこから流される排水が汚いため，下流の農地が被害にあったとする。この場合，上流の住人が先に住み下流の農業が後に開始されたものであるなら，上流の住民に権利があり，下流の農民は黙って被害を耐え忍ばなくてはならない。農民が問題解決を図るためには，補償金を払う必要があるだろう（理論上は，という意味である）。逆に下流の農業が先に始まったのであれば，農民に権利があるので，上流の住人からの排水をストップさせたり，賠償金を受け取ることができる。

一方，河川水は生態系にとっても必要不可欠な生息の場や資源を提供している。昔の水力発電所では，川の水のすべてを発電の為にパイプに流しこみ，河川本流を流れる水がなくなってしまい，川にすむ生物たちにダメージを与えるようなことが普通に行われてきた。つまり，河川生態系に権利を認めなかったのである。最近は，**河川生態系にも権利がある**と考えるのが社会的コンセンサスになっ

図3-9 水を利用する権利の分配

てきている。人間どうしの争いに生態系が加わり，水争いも複雑な様相を呈している。そして，その保全のために川からの取水が制限され，下流に一定以上の水が流れるように配慮されている。つまり，河川水を農業・工業・生活用水やその他の人間活動に役に立てるためのみならず，河川生態系にも配分しているのである（図3-9参照）。このことは，川が育む豊かな生態系が形成されれば人間も恩恵をこうむる，つまり，**河川生態系に水を配分することが結局は人間のためにもなる**と多くの人が考えるようになっていることを表している。

ところで，日本が高度成長期に経験した公害問題は，住民には何の権利も与えられず，産業側にのみ権利が与えられたために生じた側面があることは否めない。その後の長い係争を経て，現在では住民が良好な生活を送る権利，つまり**環境権**という概念が生まれ，定着している。環境権の具体的な中身と程度についてはまだ議論が分かれているが，住民の生活環境を著しく損なうような経済活動は制限されるべきであるという点では一致している。しかし，住民や自然生態系に大きすぎる権利を認めてしまうと経済活動が困難になる

ので，人々は経済的に困窮するであろうし，逆に，経済活動に大きすぎる権利を認めてしまうと過度の環境破壊がひきおこされる。したがって，経済一辺倒でも環境一辺倒でもない，その中間のバランスをとった途が模索されている。

持続可能な発展のための指標

持続可能な社会の指標　国の経済状態を表すのに**GDP（国内総生産）や経済成長率**といった指標がよく使われる。これらは経済の規模を表す指標であり，豊かな社会を実現するために各国はGDPや経済成長率を高くしようと努力してきた。しかし，環境保全や持続可能性の観点からみると，これらの指標には欠点があるといわざるをえない。その原因は，GDPでは環境の経済価値をみとめていない点にある。つまり，自然資源の枯渇，鳥や魚の数の減少，種の絶滅，大気汚染や水質汚染等はGDP指標ではカウントされない。逆に，環境破壊を伴う森林伐採などは，伐採費用や木材価格の分だけGDPが増加するのである。また，環境悪化への対処費用や，汚染が原因の医療費などもGDPのプラス要因となる。これは，環境保全の観点から見て，豊かさを表すためにGDP指標を使用することには問題があることを意味している（図3-10参照）。

したがって，持続可能な経済発展のためには，自然環境の悪化や環境対策費用をマイナスとしてGDPから差し引く新たな指標の導入が必要である。そのための，試みの改良指標は「**グリーンGDP**」などと呼ばれている。しかし，この指標は環境対策費用をどの程度計上するべきか，環境悪化をどのように評価するか，などについてはまだ検討が不十分であり，研究途上である。

一方，GDPのような社会全体の指標ではなく，個人個人の生活環境の充実度を表現する指標をつくろうという試みもなされている

ポイント その32

多摩川の水争い

　本文中にも示したように川の水をめぐる争いは，日本中いたるところでみられ，長い歴史がある。ここでは，東京都と神奈川県の境界を流れる多摩川のケースについて触れる。多摩川の水争いの経緯については「多摩川誌」（多摩川誌編集委員会，1986）に詳しくまとめられている。

　多摩川の水争いの歴史をひも解くと，過去から現在までに，農業用水どうしの対立，農業用水と都市用水の対立，上流と下流の対立，そして人間活動と環境の対立まで，さまざまな組合わせの対立関係をみることができる。

　17世紀中頃に，江戸の都市用水と武蔵野の農業用水の確保のために，多摩川の羽村堰から取水し江戸まで水を送る玉川上水が開削された。一方，江戸時代の初期には農業用水と都市用水を多摩川の宿河原堰と上河原堰で取

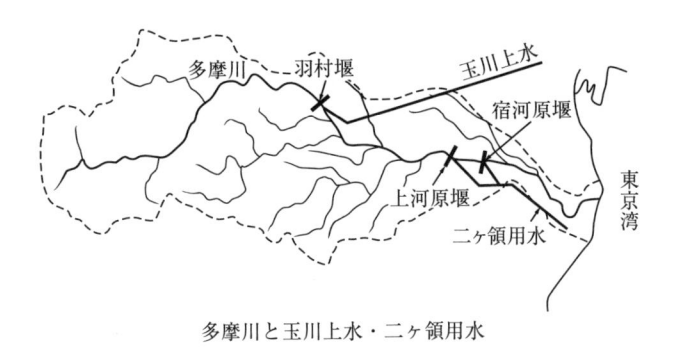

多摩川と玉川上水・二ヶ領用水

（ポイントその34参照）。例えば，経済企画庁は「**豊かさ指標**」を毎年発表している。この指標は一時期県別ランキングをめぐって話題になり，生活実感と合わないと批判されるなど注目を集めた。他にも，住民の感覚を反映すべく満足度調査を取り入れた指標などが発表されている。

水し，下流の地域に送水するための二ヶ領用水が開削されている。

玉川上水の水は当初，農業用水と都市用水の両方に使われていたが，明治維新以降，東京の人口増によって都市用水の需要が増えたために，羽村堰からの取水量が増やされた。それによって多摩川本川の流量の低下を招き，上下流の水争いが引き起こされた。上流の水を取水する玉川上水は東京市に属し，下流の水を取水する二ヶ領用水は神奈川県に属していたため，この争いは東京対神奈川の対立となった。最終的には政府までが乗り出して調停に入り，東京市が神奈川県に補償金を支払った上で，羽村堰から$2m^3/s$の水を夏の間だけ放流するという条件で決着している。

一方，二ヶ領用水では，当初から用水路沿いの村々の間で水をめぐる争いが絶えなかった。村どうしの訴訟騒ぎもあったし，村民同士が竹槍や投石で激突したこともあった。明治時代に入ると二ヶ領用水の水を横浜の都市用水として利用するようになり，都市住民と農家との対立が激しくなった。そして昭和になって表面化したのが上記した上流（玉川上水）と下流（二ヶ領用水）の取水量を巡る水争いである。

戦後になると，高度経済成長とともに工業用水や都市用水の需要が増え，一方で農地はどんどん縮小した。これによって玉川上水の水も二ヶ領用水の水も，徐々に農業用水から工業用水や都市用水に転用されていった。その結果，工業用水や都市用水の取水地点より下流には水が流れない状態が長く続いていた。しかし，現在では環境保全の観点から，二ヶ領用水でも玉川上水でも下水処理水などを利用して環境用水が通水されている。

環境経済統合勘定　人間の経済活動が自然環境を考慮した上で持続可能なものであるかどうかをチェックするためには，図3-11に示すような環境経済統合勘定表が利用できる。同図に示すように**環境経済統合勘定表**は，「**経済勘定**」とよばれる**産業（経済）**に関する項目と「**環境勘定**」とよばれる**資源（環境）**に関する項目からなっ

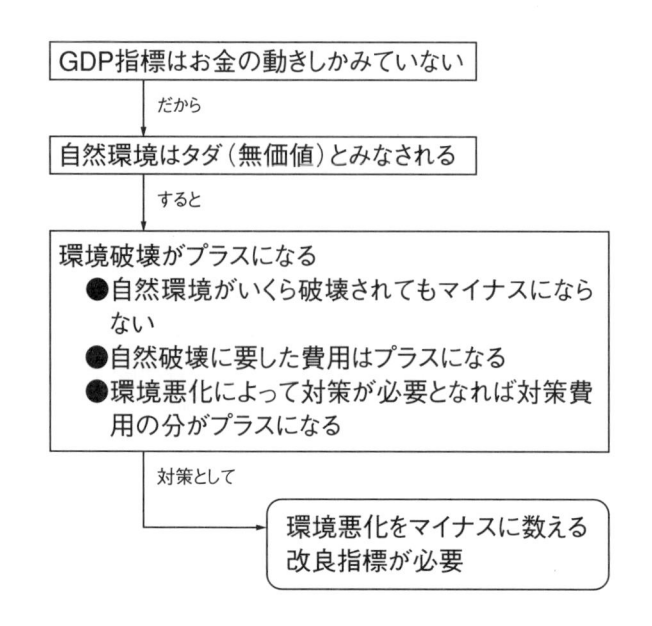

```
┌─────────────────────────────────┐
│ GDP指標はお金の動きしかみていない │
└─────────────────────────────────┘
              │ だから
              ▼
┌─────────────────────────────────┐
│ 自然環境はタダ（無価値）とみなされる │
└─────────────────────────────────┘
              │ すると
              ▼
┌─────────────────────────────────┐
│ 環境破壊がプラスになる            │
│ ●自然環境がいくら破壊されてもマイナスにならない │
│ ●自然破壊に要した費用はプラスになる │
│ ●環境悪化によって対策が必要となれば対策費用の分がプラスになる │
└─────────────────────────────────┘
              │ 対策として
              ▼
        ┌─────────────────────┐
        │ 環境悪化をマイナスに数える │
        │ 改良指標が必要        │
        └─────────────────────┘
```

図 3-10　GDP指標の問題点

ている（GDPや経済成長率の計算のためには資源は考慮せず，「経済勘定」のみが使用されてきた）。

　同図に示すように環境経済統合勘定表では，森林・大気・野生生物などの資源に関する項目ごとに，農業・林業・工業などの産業に関する項目がどのような影響を与えたかがまとめられる。つまり，表を横方向にみると，その産業がどんな環境にどの程度影響を及ぼしているかがわかり，縦方向にみると，それぞれの環境がどの産業からどの程度影響を受けているかがわかるようになっている。

　ところで，国連が提唱している環境経済統合勘定の作成ステップでは，まず対象となる経済活動のうち環境に関連する活動を分離する。次に，環境への影響を物量単位（伐採された森林の体積や汚染物質の排出量など）で記述して経済活動と同じ表の中にまとめる。

> **ポイント その33**
>
> **GDP（国内総生産）と経済成長率**
>
> 　一年間に国内で生産された物やサービスの合計がGDPである。いろいろな材料や部品からなる製品の場合，製品の価格から材料や部品の価格を引いた上で足し合わせる。例えば，材木業者が森の木から木材を生産し建築業者がそれで家を建てたとき，家の価格には木材価格が含まれているので両者の生産額を単純に足し合わせると木材価格が二重に計算されることになる。木材のように他の物の生産に使われるものを「中間投入」という。したがって，GDPはそれぞれの産業の生産額から中間投入を引いて，すべての産業について足し合わせたものである。
>
> 　生産物は必ず誰かに買われるので，GDPは支出の合計とみることもできる。また，支出は必ず誰かの収入になっているので，収入の合計とみることもできる。つまり，GDPは「どれだけお金が動いたか」を表す指標である。日本のGDPは，平成10年度では497.3兆円である。OECD加盟国の中では第2位であるが，1人当たりに直すと第7位である。
>
> 　なお，日本では長らく国の経済規模を表す指標としてGNP（国民総生産）が用いられてきた。GNPでは外国人の活動や海外からの投資が計上されない（それぞれ母国のGNPに計上される）。近年では人々の移動や金融活動が国際化していることもあって，GDPの方が指標として適切であると考えられるようになってきている。
>
> 　なお，GDPの年間変化率を経済成長率という。ただし，物価水準の変化を考慮に入れて調整したものは実質経済成長率とよばれ，平成10年度の日本の実質経済成長率は－1.9［％］であった。

　最後に，環境対策のために支出されている費用などを計算し，顕示選好法や表明選好法などを用いて環境を貨幣換算することになっている。このようにして作成された勘定表によって，特定の産業が**環境に与えている悪影響と経済的に生み出している利益を比較できる**ようになる。また，産業の間の比較もできる。そして，その結果図3-12のような分類が可能になり，それに基づいた環境政策が立案

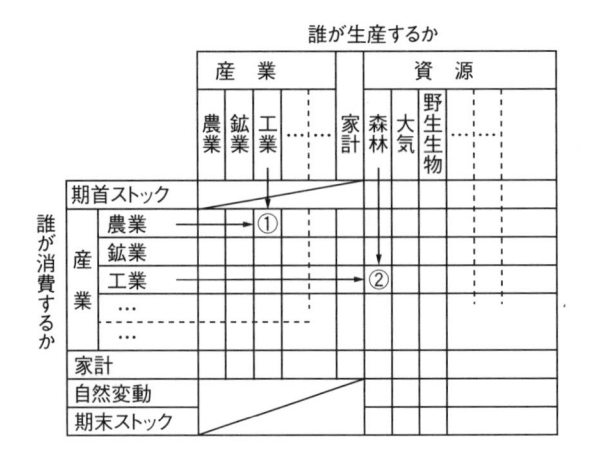

図 3-11 環境経済統合勘定表

- 経済的利益が大きくて環境への悪影響が小さい産業
（好ましい）
- 大きな経済的利益を生み出しているが環境への悪影響も大きい産業
（あまり好ましくない）
- 経済的利益が小さいのに環境への悪影響が大きい産業
（早急に改善が求められる）

図 3-12 環境に与える影響の観点から見た各種産業の分類

可能となる。

環境経済統合勘定の優れた点の一つは，環境への**悪影響の蓄積**を評価できることである。例えば，一軒一軒の家庭からの排水量は小さくとも，何万軒分もの家庭排水が1カ所に集まると，水域の汚染が進み生物がすめなくなる。また，短期間での水質悪化がわずかでも，長期間では著しい環境汚染につながる。これを影響の蓄積と呼んでいるが，その量は環境の「場としての価値」にも大きく関係する。

ポイント その34

豊かさ指標（新国民生活指標）

「豊かさ指標」は，経済企画庁国民生活局が「国民の生活実態を多面的にとらえるための生活統計体系」として毎年発表しているものである。1974年に「社会指標」という名で取り組みが始まり，1986年から「国民生活指標」，1992年から「新国民生活指標（豊かさ指標と略称される）」という名になり現在に至っている。「住む」「費やす」「働く」「育てる」「癒す」「遊ぶ」「学ぶ」「交わる」の8つの活動を，「安全・安心」「公正」「自由」「快適」の4つの軸から評価している。同指標は国全体の活動を貨幣的に表すGDP指標の欠点を補い，個人個人の活動環境を物量的に表す指標となることを目指している。

例えば「住む」の「快適」軸は，日照時間5時間以上の住宅比率，1人当たりの畳数，1住宅当たりの敷地面積，最寄りの交通機関，1人当たりの公園面積，下水道等普及率，水洗化率，リサイクル率，1人当たりのごみ排出量，通勤通学平均時間，一般道路舗装率，といった項目で評価される。また，離婚率は「交わる」の「安全・安心」軸ではマイナス方向，「交わる」の「自由」軸ではプラス方向に数えられるなど，さまざまな視点が考慮され，細かく分けて170個の項目が計算に取り入れられている。下表は平成10年度の各活動領域の最高得点をあげた地域とその得点を示している。

表　平成10年版新国民生活指標における各活動領域の最高得点と地域

「住む」	「費やす」	「働く」	「育てる」	「癒す」	「遊ぶ」	「学ぶ」	「交わる」
富山県	東京都	鳥取県	北海道	福井県	長野県	石川県	山梨県
57.81	54.24	55.33	56.55	55.65	58.02	58.57	57.25

（経済企画庁ホームページより）

また，環境経済統合勘定表では，最上段に「期首ストック」の欄があり，ここには年度はじめの蓄積量が記載される。その年度の変化を総計して年度末の蓄積量が計算され，最下段の「期末ストック」

ポイント その35

環境経済統合勘定表の見方

　図3-11は環境経済統合勘定表の基本的な枠組みを示している。実際にはもっと産業や資源が細分化され（機械工業，化学工業, etc），項目も増える。

　図中に示すように横の欄は「誰が消費するか」を，縦の欄は「誰が生産するか（言いかえれば「何が消費されるか」）」を示す。交わった欄には，縦の欄の産業や環境が生産した資源を横の欄の産業がどれだけ消費したかを記入する。例えば，横の欄の「農業」で縦の欄の「工業」にあたる欄（表中の①の欄）には，農業が工業生産物を使った量（ないし額）を記入する。また，横の欄が「工業」で縦の欄が「森林」ならば，表中の②の欄に工業が消費した森林の量を記入することになる。

　なお，表中の「家計」とは一般家庭を意味しており，家計の欄の横方向には，一般家庭が消費する産業の生産物や資源の量を記入する。

　表中の最上段の「期首ストック」および最下段の「自然変動」，「期末ストック」の欄は，森林・大気・野生生物等の資源欄のみ数値が記入される（産業欄では使用しない）。ここで，「自然変動」の欄には，森林ならばその成長量や枯死量，大気ならば浄化される量，野生生物ならば繁殖・成長・死亡等のように，人間活動以外の要因で増減する分が計上される。結局，期首ストックと期末ストックを比較して，期末ストックの方が多ければ経済活動が持続可能であるということになる。

の欄に書き込まれるようになっている。こうして計算される経済活動の環境に対する悪影響が蓄積し，増加しているとみなされる場合は，表面上変化が現れていない場合でも，対象となる経済活動は持続可能とはみなせないので，望ましくないという判断ができる。

第4章

環境と倫理

普通,倫理というとまず人間関係における行動律を思い浮かべる。人間は恵まれた自然環境を当然のものとし,長らく倫理の対象としてこなかった。しかし,人間の経済活動の大規模化に伴って,自然環境にも倫理観をもって接する必要が生じてきている。本章では,自然環境の豊かさを守り育む上で,人間がもつべき倫理(環境倫理)について述べる。

第3章では**環境経済学**の概念を導入して，人類の経済活動が大規模化した現在，自然環境を守ることによってはじめて「**持続可能な経済活動**」が可能となると述べた。つまり，環境経済学では環境を経済因子の一つとしてとらえ，それを保全することが，コストはかさんでも結局はわれわれの利益になると考えるのである。

しかし，環境を経済因子の一つとして貨幣価値に換算し，その損得を論ずることのみで本当に環境保全が図れるのだろうか。しかも，環境経済の概念は長期的かつ全体的な総論として正しくても，個人の利益とは必ずしも一致しないことが多い。これは，ゴミの不法投棄が日常的に行われたり，公園が汚されたりする現実を見れば明らかである。つまり，個人にとっては自然環境を保全することより，目先のゴミを捨てることが利益であったりするのである。

したがって，環境保全は単に経済に環境の概念を導入するだけで達成することは不可能であり，そこでは個人の環境に対する**倫理観**が問われる。また，人間にとっての環境は自然環境のみならず，様々なインフラ・社会制度・人間関係などの社会環境も重要である。本章では自然環境および社会環境の豊かさを守り，育む上でわれわれがもつべき**倫理（環境倫理）**の概略について述べる。

人間は自然環境なしでは生きられない

人間が環境なしでは生きられない，ということはすぐに，誰にでも理解できる。また，人間にとっての環境は，大きく自然環境と社会環境に分類できる。ここではまず，自然環境の大切さについて考えてみよう。

人間が宇宙空間に宇宙服なしでポツンと放り出された場合，そこには空気がないので呼吸ができないし，圧力もないから皮膚内外の圧力差によって体は破裂してしまう。つまり，人間にとって地上の

> **ポイント その36**
>
> **倫理とは**
>
> 　倫理とは豊かで優しい社会を築くために，個人や組織に課される行動律つまり道徳のことである。「倫子さん」という名前が，「とも子」とか「みち子」と読まれることからもわかるように，「倫理」という言葉は，「仲間（友達）同士のつき合い方」とか「社会生活上，人が践み行なうべき道」を意味している。倫理は英語では，[ethics]とか[moral]とよばれるが，これらの語源は，「ねぐら」や「洞窟」を意味する[ethos]や[mores]である。つまり，ことさら「環境倫理」と言わなくても，倫理とは「人間は社会環境や自然環境の中で調和して生きていかなければならない」という現実に起因した行動律を表すものである。したがって，倫理という言葉はもともと環境的なものであるといえるだろう。
>
> 　最近新聞などのマスコミ市場で「環境倫理」，「情報倫理」，「生命倫理」などの言葉がよく出てくる。しかし，人間の生きるべき道や人間としての正しい生き方は，本来一つであろうから，「環境倫理」を学べばその他の倫理観にも通ずるものがあるのである。

　自然環境は生存のための必須の条件であって，宇宙空間では生きていけないのである。また，地上の人間を含めたすべての生物は，地上の大気や圧力といった物理的・無機的環境のみならず，食物連鎖系のある段階の生命体として他の生物に命を支えられ，そして他の生物の命を支えて生きている。要するにすべての生物は，この地上の自然環境の中で共存し，また，その存在自体が環境を形成しているのである。

　しかし，われわれ人間はこの事実を忘れ，自然環境にしばしば無関心になる。これは人間が他の人間や生き物を孤立した外部（独立した別々の生物）として位置付けがちであることが原因かもしれない。そのように考えると，環境は「どうにでもなる外部」とされて

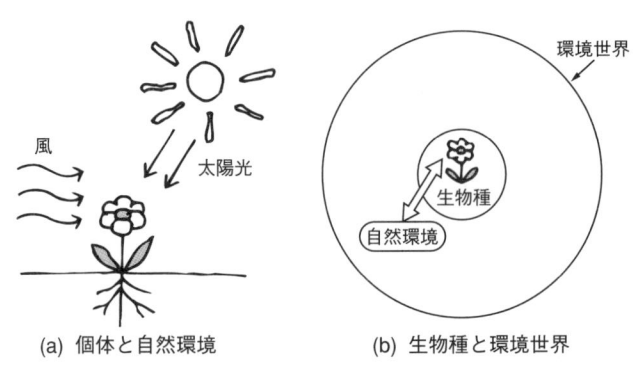

(a) 個体と自然環境　　(b) 生物種と環境世界

図 4-1　生物と自然環境・環境世界

しまうのである。その結果，われわれ人類の生存はこの広大な宇宙の中で，まさに奇跡というべき偶然がもたらした，極めて壊れやすい自然環境の中でのみ可能であるということ，また，すべての他の生物と共存し，自らも環境の一部として支え合っているという当然のことさえ忘れられているのである。

　したがって，生物と自然環境との関係を「外部」的に捉えたまま，「生物も大事だが，環境も大事だ」というような消極的な環境の捉え方では，自然環境を保全できないのみならず，われわれの命を保つこともできないことを認識しなくてはならない。

　ここで環境と生物のかかわり合いを，野の草花を事例として考えてみよう（図 4-1(a) 参照）。植物は，根から水分や養分を吸収し，気孔から余分な水分を吐き出して生物学的な平衡を保ち，光エネルギーを使って光合成を行い，酸素呼吸をする……。そして通常，われわれは，これを以って生物と環境の相互作用を捉えた気になりがちである。しかし，そのような野の草花にとっての環境が環境たりうるには，その植物が種子から芽を出し，根や茎を伸ばし，葉を茂らせ，花を咲かせて，複雑な有機体である草花が形成されることが必須の条件なのである。つまり，それぞれの生物種は，環境に合わ

ポイント その37

環境世界

「環境世界」は動物学者のユクスキュル[85]が提唱した概念である。われわれは，人間が住み感じるのと同じ自然環境中に様々な動植物もすんでいると考えがちである。しかし，犬は色を判別することができず（カラーではなく白黒の世界），イエバエには色の濃淡を判別することができない。逆に，犬は人間に嗅ぎ分けられない臭いを嗅ぎ分けることができる。つまり，われわれ人間が自然環境と考えているものは人間にとってのみの自然環境であり，客観的なものではないのである。

要するに，生物にとって環境とは単なる物理・化学的過程としての「環境（Umgebung）」なのではなく，視覚・臭覚・聴覚のようなそれぞれの生物に特徴的な感覚と重なり合う部分であり，これをそれぞれの生物にとっての「環境世界Umwelt」とよんでいる。つまり，光や風のような無機的な自然環境は生物にとって意味が異なり，それが内部化されるとき，それぞれの生物にとって固有の環境社会が形成されるのである。

せて自らの姿かたちを変化させ，それぞれの生物種に固有の環境と生物が調和した世界を作り出す（これを環境世界Umweltという，図4-1(b)およびポイントその37参照）。それゆえ，環境世界はそれぞれの生物種にとって「内部」的なものだといえるだろう。

つまり，風や光や水といった無機的な環境は，それぞれの生物によって有機的に内部に取り込まれ，そこにそれぞれの生物にとっての独自の環境世界が形成されるのである。例えば，風は，鳥にとっては飛行の条件として，蝶にとってはフェロモンを運び異性を探すための条件として存在する。風媒花にとって，風は受粉の条件だが，大風が吹くこともあるから，茎はそれに耐える強度をもたねばならない。また，太陽光や水は植物にとって光合成のための必須の条件だが，日照りが続いたり水分が多すぎたりすれば，立ち枯れになっ

たり，根腐れをおこしてしまう。そこで植物は様々な環境を内部のものとして受け入れるとき，サボテンから海藻に至るまで，実に多様な形態変化を遂げることになる。要するに**無機的環境は，生物にとって無色透明で中立的なものとして存在するのではなく，生物の内部に取り込まれ，そこにはそれぞれの生物に独自の「環境世界」が形成されるのである**。

以上に，それぞれの生物種は，それに固有の環境世界の中で生存していると述べたが，一方でその中に閉じ込められているわけでもないことを認識する必要がある。つまり，ある生物種は他の生物種と共生関係にあり，それぞれの種に固有な環境世界は互いに重なり合い，依存し合って，全体として一つの自然環境を構成しているのである(図4-2参照)。

例えば，「食物連鎖」がその典型的な事例である。食物連鎖は単に「弱肉強食」といった相剋的な面のみでなく，個体数の調整といった共生的・平和的で自然環境を保護するという側面もあわせもっている。つまり，食物連鎖が機能しなければ特定の生物の異常増殖や絶滅を招き，自然環境は破壊されることになるのである。

また，別の例をあげると，植物がそこを通る動物に踏みつけられることはいわば植物にとって「災害」であろうが，逆に，種子が土壌中に埋没するので次の世代が育成可能になるという正の側面もある。このように，複雑多様な自然環境は複雑多様な依存関係を育み，様々な生物種は，一見対立するかに思える環境をも内部化して取り込んでいるのである。要するに，いかなる生物種も決して閉鎖的ではありえず，環境に対して完全に開かれた存在なのである。

したがって，われわれが**環境を保全するということは，「外部」としての環境ではなく，「内部」としての環境を保全するということである。つまり，われわれは環境の一部であることをまず認識する必要があるのである**。

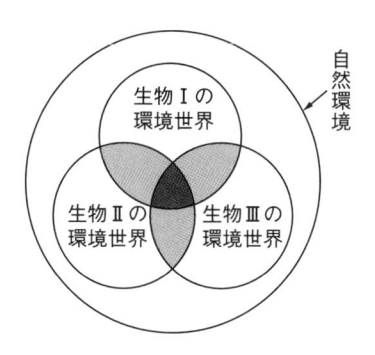

図4-2 様々な環境世界の重なり
［注］グレーゾーンは異なる生物間の環境社会の重なり部分

社会環境－人間固有の環境世界－

　　　　前節に自然環境を守ることはわれわれ自身を守ることと同一であることを述べた。一方，人間の暮らしにとって，現代科学の作り出した電気・通信・交通・構造物のような**インフラ**，法律・教育のような**社会制度**，互助会・町内会のような**社会システム**，さらには個人の対人関係に到るさまざまな**社会環境**は重要な意味をもっている。つまり，豊かな自然環境が人間にとっては生存のための必須の条件であるように，豊かな社会環境がなければ人間は人間らしく生きていけない。現代社会では，人々はしばしば豊かな社会環境に恵まれているのは当然な事であると誤解し，外部の社会環境からは独立した自立的存在であると考えがちである。しかし，よく考えると，宇宙空間で人間が生きていけないように，この地上で，たった一人では生きていけないのである。つまり，社会環境がなければ生きていけないのである。それでは，社会環境は人間と自然環境にとってどのような意味をもっているかを，事例をあげて以下に説明する。

住宅の例を取り上げてみよう。昔の住宅は構造が簡易で災害に弱く，人々の生活はむき出しのままの自然環境に晒されていた。それゆえ，人々にとって自然環境は非常に身近なものであった。しかし，最近の住宅は風雨や地震に耐える構造となっており，台風の日でさえ住宅の中では快適に暮らすことができるのである。このように，われわれの生活は社会環境によってむきだしの自然環境とは隔離されているのである。

また，干ばつや洪水が起こって農地が破壊されると，昔の社会ではすぐに食べ物に困り，餓死者が大量に出た。しかし経済流通システムが発達した現代社会では，他の場所から食物を運んで当座をしのぐことができる。このように**われわれは，社会環境に守られてはじめて快適な生活が保障されるのである**。

このように考えると社会環境は，人間が自然環境に適応するために作った，人間という種に固有の「環境世界」だといえよう。そして，人間はこの環境世界（＝社会環境）を介して自然を内部化しているのだとすれば，**人間ー社会ー自然の境目もまた連続している**と言えるだろう(図4-3参照)。

ところで，人間と自然環境の接触には3種の経路がある。一つは**身体**，一つは**心情**，一つは**社会経済**を介しての接触である。身体的な接触とは，清浄な水を飲んで元気になったり，逆に汚い空気を吸いこんで病気になったりする関係である。心情的な接触とは，美しい風景を見て心が癒されるような関係である。この二つにおいては，社会環境を通さずに人間と自然環境が直接接触するので，人間はその接触に際し自然環境を意識する。それに対して，社会経済的な接触では社会環境（巨大なインフラ，社会システム，社会制度など）を介して自然環境とかかわっている。そのため，その背後で起こっている自然環境の破壊が見えにくくなっている。しかし，われわれの何気ない一日も社会環境を介して自然に影響を与え，かつ影響を

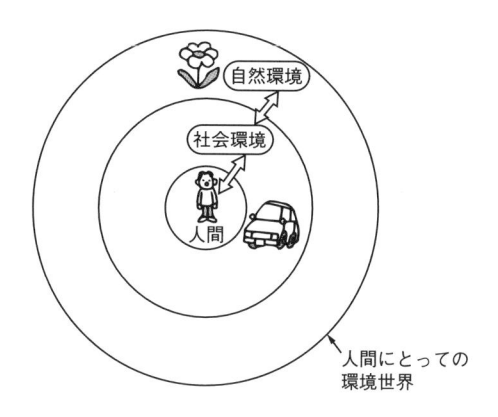

図4-3 人間にとっての環境社会

受けて成り立っていることを忘れてはならないのである。このことを示す事例は多いが，以下にそのいくつかの例を挙げてみる。

①華やかな街のネオンや店のイルミネーションに必要な電力は，化石燃料を使用して膨大な量の二酸化炭素を排出する火力発電所，自然破壊を伴って建設される水力発電所，もしくは，危険な核燃料を使用する原子力発電所から送られてきたものである。
②レストランの食材は，海外の海で（自然破壊を伴って）乱獲されたカツオやタコだったりする。
③女性用の化粧品の開発のためには，多くの動物が実験で犠牲になっている。
④水洗トイレで流される屎尿は，下水道を通して下水処理場で処理される。その処理は必ずしも十分でなく，処理場からの処理水には無機栄養塩が多量に含まれ，放流先の水域の富栄養化による水質悪化の原因となる。
⑤コンビニで買ったペットボトルは，配送センターから一日何度も往復するディーゼルトラックが煤煙をまき散らして運んできたも

のである。ゴミとして出せば持って行ってくれるが，どこかに野積みされる恐れもある。

　以上の例からもわかるように，われわれは電気や水道が供給され，ゴミが収集されるという社会システムという社会環境があってはじめて便利で豊かな生活ができるのである。そして，その社会システムの多くは自然環境を犠牲にして成立していることを忘れてはならないのである。
　したがって，自然環境に対する倫理は自然環境に直接触れているときにだけ必要なのではなく，社会生活を営んでいる間中ずっと必要なのである。

自然環境・社会環境の豊かさとは

　生態学に「ニッチ（niche）」という言葉がある。ある生物種にとって，「はまりのよい場所」や「居心地のよい環境」を意味する。例えば，ある生物種の生態学的地位，つまり，食物連鎖上のある位置とか，同じ川の中で様々な生物が「すみ分け」ている場合，そのすみ分けられた環境を意味する。アユやヤマメ，川ガニやタニシなどの生物種が，川の表面や浅い部分，深い部分，川底や石の下，川の真中や岸辺といったように，それぞれの生育に都合のよいニッチを見つけてすみ分けている状態である。もっと大きく考えれば，すべての生物は地表をニッチとして様々にすみ分けている。
　そして，それぞれの生物種は環境の中にニッチを見つけ，それに適応するように進化する。例えばコウモリは洞窟の中で暮らし，暗い夜の空間で活動するというニッチを選んだがゆえに，哺乳類であるにもかかわらず前肢を進化させて飛ぶようになった。そして超音波で地形の凹凸や餌の存在を聞き分ける「超能力」をもつに至った

> **ポイント その38**
>
> **ニッチ**
>
> 　もともとは，壁龕（へきがん），つまり像や花瓶などを置くために壁に設けた装飾的な「くぼみ」のことを意味する。そこからの比喩で，現在では，適材適所という意味や「はまりのよい場所」，「坐りのよい，落ち着きのよい場所」などを意味するようになった。経済学などでは，ニッチは誰もまだ手をつけていない「すきま市場」を意味する。
>
> 　例えば，ベンチャービジネスの経営者がオールド・エコノミーの支配する市場に新規参入して成功するには，そうした「つけいるスキ」を見出さなければならない，などと言われる。つまり，ニッチをすばやく見つけて事業展開すれば，高い収益が期待されると言われたりする。もっと実物的に言えば，医学では，胃の内壁などのX線撮影に見える窪みのようなものをニッチとよんでいる。

（このように考えると，「才能」とは一般に努力が作るというよりニッチが作るものだと言えよう）。また，昆虫の種類は100万種を超え全動物種の4分の3を占めると言われるが，それほど種類が多いのも，昆虫は形態変化が比較的簡単で，多種多様なニッチに対応する進化をとげたからであると言えよう。

　深海から高山に至るまでの，この地球という水惑星の，その半径に比較すれば薄皮ほどの空間の自然環境が，無限に多様なニッチを提供し，無限に多様な遺伝子資源や生物種を生み出してきたのである。環境の豊かさとは，このニッチの豊かさを意味しているとはいえないだろうか。**無限に多様な生物の共存共栄する環境こそが，地球の豊かさに他ならない**。したがって，野原の，人間にとって何の役にも立たないように見える一本の雑草にさえニッチがあり，自然環境の一部であることを忘れてはならないのである。

ここで，自然環境の豊かさを理解するために，社会環境の豊かさについても考えてみよう。自然環境中に多様でさまざまな生物が生存していることが，自然環境を豊かにしているのと同様に，人間の文化・思想・個性などの多様性は，豊かな社会環境を育む源であることは簡単に理解できる。つまり，社会環境の多様性はその中に無限に多様なニッチを用意し，そのニッチがさらに多様な社会環境を育み，様々に違った個性の共存共栄と相乗効果をもたらすのではなかろうか。「人間が環境なしでは生きられない」と言われるのは，決して生物体としての人間が自然環境なくしては生存しつづけられないということのみを意味するのではない。**一人一人が個性的な人間でありつづけるために，複雑多様な変化に富んだ環境が保証されねばならない**ということをも意味するのではなかろうか。

前節で述べたように，社会環境は人間にとっての環境世界の重要な一部分であり，それによって人間の行動や個性が形作られる。例えば，明治以前の日本人は，今とは違って右腕と右足，左腕と左足を同時に振り出して歩いていた。今も相撲や盆踊りや歌舞伎などで見られるこの歩き方は「ナンバ」と言われ，農作業に適していたのである。今日のように右腕と左足，左腕と右足が交互に振り出されるようになったのは，明治以後の学校教育や軍事教練の結果である。これは，教育や制度という社会環境が人間の行動律に大きな影響を与えている事例である。このように，社会環境が人間に影響を及ぼすとすれば，異なった社会環境は異なった人間を作り出すであろう。そして，多様な自然環境がさまざまな生物の進化をつくりだしてきたように，多様な社会環境は豊かな個性溢れた人々をつくりだす。ここで，多様な社会環境は人間の文化，思想，個性などの多様性から生まれることを忘れてはならない。つまり，社会環境の多様性はその中に無限に多様なニッチを用意し，そのニッチがさらに多様な社会環境を育み，さまざまに違った個性の共存共栄と相乗効果をもたら

すのである。一人一人が個性的な人間でありつづけるためには，複雑多様な変化に富んだ社会環境が保証されねばならないのである。

　それゆえ，環境倫理の核心とは，差異に富んだ複雑多岐な環境を確保することを通じて，人々がより個性的で自由な人生を送れるように皆で努力しようということなのである。消費社会のような均一化された環境を変えることによって，あなた自身を変えようとするのか，それとも環境を変えることなく今のあなた自身のままで流されていくのか，という対立なのである。単に，今や「環境」は時代のキーワードだから，環境についてそれなりのポリシーや蘊蓄（知的造詣）をもっておいたほうがよい，といった軽薄な話ではない。まして，今の自分はそのままにして環境だけを変えるなどということは不可能である。社会環境と自分は渾然一体として環境世界を形成しているのだから，環境を変えることは自分を変えること，自分を変えることは環境を変えることそのものなのである。

　消費社会は，現在性の世界である。とにかく「いま現在，強いか弱いか」だけの判断である。しかし，人間の暮らしは時間の中で成り立っている。「いま，いま，いま，いつも強い側でありたい」という思考は決して個性を育てはしない。自分の暮らしの意味をゆったりとした時間の中で構成するのは，実に教養を要する作業である。この教養を身につけることが倫理であり，環境教育の核心であろう。ここでいう教養とは，多くの知識を所有することではなく，自分の個性や暮らしの意味を主体的に構成することができるか否か，の力である。これは，自分を育ててくれたニッチの個性を受け入れることから始まる。ニッチなくして，人は何者でもない。障害者は障害者をとりまくニッチを引き受けているから，実に個性的で魅力的な人が多いし，子供を産んだ女性は母としてのニッチを引き受けることによって，人間としても成長していく。個人個人が意識してニッチを引き受け，他人のニッチを尊重することによって豊かな思いや

りのある社会環境が創造されるのである。そして自然環境についても，まったく同じことが言えるのである。

ニッチ・個性と豊かな自然・社会環境

　ミミズは水分の多い土中をニッチとして進化した生物である。第2章に述べたようにミミズは土を耕し，栄養分に富んだ土壌を作っている。ダーウィンによれば，百年で地球上の表土から60cmの土がミミズの体内を通って生まれ変わる[86]。土壌微生物もそうである。バクテリアは有機物を分解する働きをもち，そのお陰で環境中に放出された屎尿などは無機物に分解され，環境が浄化される。最新鋭の下水処理場も，この微生物による浄化作用を利用しているのである。無論，ミミズや微生物は，人間のために畑の土壌を良質なものとしたり，汚染物質を分解してくれているわけではない。だが，人間はそれらのニッチに生息する生物のおかげで生存できるのであり，われわれは気づかぬうちに地上のすべての生き物と繋がって生きているのである。

　人間の場合も，動物や植物の環境世界がお互いに依存し合い，外部に向かって開かれているのと同様に，個人個人の環境世界も互いに繋がり，外部に開かれている。「蟹は甲羅に似せて掘る」という言葉がある。「志の低い人間は志の低い環境の中で隠れて生きる」という意味だが，ニッチはそういうものではない。私たちは，自分のニッチを受け入れるのと同様に，他者のニッチを尊重しなくてはならない。互いに繋がり依存し合っているのだから，自分の行為は他者に及ぶ。現代社会では，その広がりは世界全体にまで達するのである。

　世界を見わたすと，自然環境を破壊する大きな要因に貧困という社会環境がある。貧困が環境破壊を生み，環境破壊がさらなる貧困

> ## ポイント その39
>
> **地球という村**[87]
> 　いま，世界の人口を100人の村に換算してみよう。すると，アジア人は57人，ヨーロッパ人が21人，南北アメリカの人々が14人，8人がアフリカ人となる。富の50%はこのうちのたった6人の手に占められている。また，70人は読み書きができず，50人は栄養不足に苦しみ，大学教育を受けているのはたった1人である。この村の中で，安く買い叩いたハンバーガーを口にすることができるのは何人だろうか。ハンバーガーを安く買えるというニッチを引き受け，考えつづけるだけでも思考は地球大に広がるのである。

を生むという悪循環を，多くの国が抱えている。この悪循環を加速するのは，文字通りの飢餓ではなく，金と儲けに対する飢えである。例えば，先進国でハンバーガーをつくる牛の放牧場にするため，中南米の熱帯林が大量に伐採され，インディオたちの生活の場が失われていく。また，トイレットペーパーのためにインドネシアの熱帯林がユーカリ樹のプランテーションに変わり，フィリピンの島々は先進国の産業廃棄物の投棄場にされていく。

　経済優先の論理では，それらの行為は正当な取引を通じて金で買ったのだから合理的だとも言えよう。しかし，第3章でも述べたように現在の経済制度は自然環境の正しい価値を十分に反映していないのだから，取引は必ずしも正当といえないのである。現行の市場価格は，その値段で売る人と買う人がいる，という経済性の原理，強者の原理だけで成り立ったものであり，決して歴史的公正さも公正価格（フェア・トレード（fair trade））も保証しないのである。経済学の論理に不足しているのは，まさにこの公正さへの配慮であろう。

　広く世界に目を向けなければならないのと同様に，私たちは未来

の人々のことも考えなくてはならない。われわれが,「いま,豊かな暮らしをしたい」と考えて行動することにより被害をこうむるのは,途上国の人々であると同時に未来の人々である。ひとたび失った自然環境は容易に回復できない。現在のように環境を消費しつづけて,未来に貧弱な環境を残すことになってもよいのだろうか。先進国の人間と途上国の人間に貴賎の差がなく平等と考えるなら,現在の人間と未来の人間にも貴賎の差がなく平等と考えるべきではないだろうか。先進国の論理で途上国の環境を破壊することが悪なら,現在の論理で未来の環境を破壊することも悪ではないだろうか。

まったく同じように,人間以外の生き物のことも考えなくてはならない。人間のニッチと他生物のニッチも互いに繋がって依存し合っているのだから,生物を粗末に扱うことは自分を粗末にすることになる。旧約聖書の中で,神が人間に「大地を支配せよ。海の魚,空の鳥,地上に生きるすべての動物を治めよ」と言って以来,西欧のキリスト教社会では人間と自然をはっきり区別して扱ってきた[88]。この人間が支配者で他生物が被支配者であるという,その後広く国際認識となっている考え方が,いまや批判にさらされているのである。

職業倫理

われわれ人間は社会経済システムの中で生産者として生きていると同時に,自然環境や社会環境の中で消費者として生きている。仕事漬けのサラリーマンも,飲み屋で一杯やるときは消費者であるし,専業主婦も家事労働をしているときは生産者である。そして,消費者・生産者として生きているとき,常に自分の行動が自然環境にどういう影響を及ぼすのかを考え,環境倫理に基づいて自らを律していかねばならないということを前節までに述べた。

例えば，建設技術者は，ビルや堤防をつくることによって，人々の安全を守り生活環境を豊かにすることを使命としている。このとき建設技術者に求められる倫理は，できるだけ性能の高いものを，できるだけ資源を無駄にせずに，できるだけすばやくつくることである。また，薬品開発の技術者は，人々の病を治し健康を増進させる効果の高い薬を作り出すことを使命としている。薬品開発技術者に求められる倫理は，より有効な薬をより低コストでつくることである。

　しかし，建設技術者が，自分が設計に携わっている巨大ダムは大きな経済効果をもたらすものの，大きな環境破壊をも伴うことを知ったときに，技術者の倫理観が問われるのである。また，製薬会社の技術者が，会社に大きな利益をもたらす効果的な新薬を開発したが，同時にそれが強い副作用を有し，薬害をもたらす可能性がある事に気づいたときも同じである。このような状況で，技術者はどのように行動すべきであろうか。

　このとき，技術者がそのまま仕事を遂行したとすれば，仕事の結果生ずるであろう環境破壊や薬害に対して，技術者は全責任を負うべきなのだろうか。考えてみると，それを一個人たる技術者に求めるのは酷であり，むしろ市民の問題（社会全体が共有する課題）であると考えるべきであろう。しかし，この場合でも技術者は担当した技術者にしか判断のつかないことや，社会的に正当化されないことを上司や会社に対して説明する必要があろう。

　そうした義務は，取引先や勤務先の社長が負うべき問題だと逃げようとするかもしれない。しかし，少なくとも，その専門知識がプロジェクトの推進や商品開発の根幹にかかわったのであれば，その技術によって生み出された否定的側面についても報告し，説明することが技術者の最低もつべき倫理感であり，義務である。それにもかかわらず，会社経営者や発注者によって商品化やプロジェクトの

推進がなされたとするならば，経営者や発注者の倫理観が問われるのは当然であるが，技術者はどのような態度をとるべきであろうか。それは個人的な問題であるとされるべきであろう。つまり，技術者も会社組織の一員であり，会社の方針に逆らえば解雇され家族が路頭に迷う弱い立場の一個人である。この点も考慮に入れる必要がある。したがって，最も重要なことは，社会の問題，つまり，現場の技術者の問題提起を正当に取り上げる社会システムの確立であろう。

要するに，技術者，発注者や経営者の責任分担についての社会システムを確立する必要があるのである。そして，いかなる意思決定の場合に，どこがどういうふうに責任を分かちもつのか，事前アセスメントを実効あるものにするためにどういう手続きを踏むのか，社会的に予め制度化しておく必要がある。また，同時に技術者が備えるべき倫理観は，個人の倫理観に発するものに頼るのみでなく，大学や企業の教育の中で体系立てて教えられるべきであろう。そのための技術教育においては，技術の有効性のみならず，不備や限界についても教育されることが必要であろう。

米国ではこうしたことが，技術者倫理・職業倫理として教育現場で教えられ，社会システムとしての整備も進んでいる[88]。しかし，日本ではこの面の教育はほとんどなされておらず，社会システムの確立も遅れている。

近年はマスコミの発達と相まって各企業や各学問分野の技術，将来性，必要性，魅力，実用性，可能性が盛んに宣伝されている。しかし，マイナス面や限界についてはほとんど語られることがない。自らの限界や欠点を隠し続けることは，短期的にはともかく長期的には不可能であるし，破綻へとつながる。このことは，日本がかつて経験した公害の，大規模な自然破壊を伴いつつ多くの人々が犠牲になった歴史を見ても明らかであろう。**今こそ，技術者倫理・職業倫理の教育と社会システムとしての整備が求められている。**

> ### ポイントその40
> **日本人の意志決定**
> 　日本における意思決定は，原理原則のない利害調整に流れやすく，「いろいろ文句はあるでしょうが，ここはマァ一つ」という形で多数派形成がなされ，一旦多数派形成がなされると，それでも文句を言い続ける人に対して，「なんて大人げない人だ，方々に気を使って意見をとりまとめたこちらの苦労も知らないで，自分の意見ばかり押し付ける」といった形で少数意見差別が行われる。しかし，問題は原理原則の問題なのである。つまり，日本では倫理的問題が究極まで分析され，社会制度にまで高められることがない。だから，倫理が問題になるとき，一方では全人格的な審問が行なわれるように感じられ，他方では，「無責任の構造（丸山真男）[89]」が発動する。つまりは，all or nothingで，なかなか制度的もしくは法的限定が施されないのである。

日本人・欧米人の文化と自然環境

　欧米諸国を旅した日本人は皆，町並みや公園の美しさに目を見張らされる。日本人が欧米の街並みを美しいと感じるのは，日本の都市は雑然としており，高さも色も不揃いな建物がばらばらに立ち並んでいるからであろう。それに対し，欧米の都市は道路も幾何学状に走り，建物の色も高さもそろっている。つまり，欧米では政府・地方自治体の作成した都市計画に忠実に町並みが作られるのである。一方，現代日本の社会では個人の権利，個人の自由があまりに強く主張され，欧米のような幾何学性で統一された町並みを作ることは極めて困難である。これは欧米人が日本人よりも環境を愛する人々だからであろうか。ここで留意すべき事は欧米の町並みの美しさは人工的な美しさであって，自然ではない点である。また，公園の美しさの相違も管理の問題と考えることができる。

また，欧米ではビオトープやミチゲーションについても日本人より早くから研究を進め，また，積極的に実施してきた。これは彼らが日本人より自然環境を愛する人々であることを意味しているのだろうか。そうならば，彼らはなぜビオトープやミチゲーションが必要になるほど自然環境を壊してしまったのか。また，エネルギーを多量に消費するアメリカ人のライフスタイルが自然環境に優しいと言えるのだろうか。

　欧米社会と日本社会を比較して言えることは，欧米社会の方が意志決定と実行が早いということである。彼らは良いと思うと徹底的に突き進む。近代産業が良いとなれば一直線に工業化を進めた。そして現在は，自然環境が大切だということになって徹底した環境対策を叫んでいる。彼らはこのように変わり身の早さが特徴であり，必ずしも日本人より環境保全に熱心な人々であるというわけではないのではなかろうか。

　一方，日本人には歴史的に育まれてきた日本人特有の思考法があり，自然を細やかに再現する庭園や茶の湯に見られる「侘び」「寂び」の世界といった，独特の文化を作りだしてきた。しかし，それをもって日本人は花鳥風月を愛し，自然環境を愛してきた人々と言えるのであろうか。

　よく考えてみると，日本人が愛してきた自然は大自然ではなく，箱庭に模倣した小さな人工的な自然ではなかったか（日本人は，観念上はありのままの自然がよいと考えている人でも，実際には人手の加わった自然を好むことが多いという調査結果も報告されている）。この箱庭の人工的な自然を愛することは，大自然を愛する心につながっているのだろうか。ひるがえって考えれば，もし日本人が自然を愛する人々ならばなぜ，道路や公園，遊歩道に，平気でゴミを捨てるのだろうか。

　日本人はどうも，公園や自然は自分一人のものではない（皆のも

のである，公共のもの）から汚してもかまわないのだと考えるようだ。一方，欧米人は皆のものである（自分一人のものではない，公共のもの）から大切にしなければならないと考えるらしい。だとすれば，日本人が愛する自然とは自分一人のための（もしくは，極めて限られた人々のための）自然であって，極めて偏狭なものと言わざるをえないのではなかろうか。そして，そのような思考法では危機に瀕している地球環境を守るのは困難であろう。

　そもそも，このような日本人の行動律の根底にはどのような思考法があるのか。正義や公共性を守るために，自分だけが戦うリスクを負うのは大変だから，成り行きまかせにするしかない，という思考法があるのではないだろうか。この「成り行きまかせ」が，日本では「自然（なすがまま）」という言葉と同義になる。そして，日本人の自然観は，実はこの「成り行きまかせ」を愛してきただけなのかもしれない。つまり，日本人の自然愛護とは，環境破壊に抵抗して環境を保護することを意味しない。むしろ，それを無用の賢(さか)しら（利口ぶること）として斥けながら，滅び行く環境に手をこまねいて，「仕方がない」とつぶやく類いのものではなかったか。箱庭にわずかばかりの自然を再現して慰めとし，自然環境は滅ぶにまかせるという類いのものではなかったろうか。

　現代日本人の思考に大きな影響を与えた人物として，江戸時代の国学者，本居宣長がいる。現代日本人の思考は，彼の思考の欠点をそのまま受け継いでいるようにみえる。宣長は時勢の矛盾と抗う抵抗精神を，中国由来の舶来思想（「漢意(からごころ)」）として斥け，国粋主義を唱えている。そして，「時の流れ」に抵抗するのは無用の賢しら（利口ぶること）であるというのである。つまり，高度成長の成果により西洋風の生活様式が広まっても，黒髪を捨てて西洋人のまねをした茶髪が流行っても，それもまた「時の流れ」であって，それに抵抗するのは「賢しら」である。付近にゴミ焼却場の建設が予定

され，それによって環境汚染が予測されるとき，それに反対するのも時の流れだが，お上の説得で住民の過半が折れて賛成に回るのも時の流れである。それでも反対しつづけるのは，我意を張る賢しらである。それは，ヨーロッパ由来の環境倫理か何かにかぶれた「漢意」であって，日本人の自然を愛する気持ちとは異なるものである。日本人は，花が咲けば『あゝきれいだ』とため息をつき，花が散れば『あゝ哀れだ』とため息をついてきたのだ……となるのである。それゆえ，その延長線上には結局ゴミ焼却場ができてしまい，そこからまき散らされる排煙によって子どもが喘息もちになっても，『あゝ喘息になったなあ』と，もののあわれを感じるだけということになってしまう。

　宣長の誤りは，国家を制度ではなく自然の一部と考えたうえで，自然とそれに向き合う自分のみを考え，社会制度という第三のものを見ようとはしなかったことにある。つまり，宣長は社会制度を賢しらと考えたのである。このような宣長の論理は，本来が偏狭なものであるにもかかわらず，意義深い思想として重要視され，日本人の代表的・根本的な思考法となってきた。そのことが，技術者倫理や政治責任や経営責任を育まなかった大きな理由の一つである。それはまた他方で，環境破壊を憂うときに，常に自分は何をすべきかということばかり考える良心的な人や，倫理的すぎる人を作ってきた原因でもある。本当は社会制度こそが問題なのであって，自然環境を守ろうと思うなら，社会制度とこそ戦わなくてはならないのである。

　宣長の思考のもう一つの欠陥として，彼の自然の愛し方も指摘しなければならない。宣長は，自然の愛し方には日本人としての共通性があると考えた。『風土』の哲学者：和辻哲郎[90]も，「寒さ」というのは自然に存在するものではなく，それを感じ取る感受性の中にあると言っている。例えば，日本で寒いと言っても，シベリアか

ら来た留学生には寒くないかもしれない。このとき，「寒いね」と挨拶することは，その寒さに育てられた共同的なわれわれを確認することである。また，散る桜を見て感傷的になり，『あゝ自分もやはり日本人なんだ』と感じたりする。しかし，もののあわれを共有したり，共同性を創出することが自然を愛することではない。自然を愛し，自然環境を守るためには，自然の作り出す複雑多様なニッチとそれが生み出す感性・個性を尊重し，その総体を愛さなくてはならない。つまり，自由と多様性を認めることこそが自然を愛することである。例えば，外国旅行をしたときに，自然の風景に感動するだけでなく，その風土が育てた人や文物の個性とかかわることでなくてはならない。

　つまり，「**自然に優しい**」ということは，あらゆるニッチのささやきに耳を傾けるということであり，そのためには，ニッチを暴力的につぶそうとするものと戦うことも時には必要となる。人は優しくなければ環境は守れないし，強くもなければ環境は守れないのである。

【参考・引用文献】

[第1,2章]

1) 有田正光編著，池田裕一，中井正則，中村由行，道奥康治，村上和男著「水圏の環境」，東京電機大学出版局，1998.
2) 有田正光編著，岡本博司，小池俊雄，中井正則，福島武彦，藤野毅著「大気圏の環境」，東京電機大学出版局，2000.
3) 有田正光編著，江種伸之，小尻利治，中井正則，中村由行，平田健正，吉羽洋周著「地圏の環境」，東京電機大学出版局，2001.
4) 田辺信介「環境ホルモン」，岩波ブックレット No.456，岩波書店，1998.
5) 鈴木静夫「水の環境科学」，内田老鶴圃，1993.
6) Parsons ら著，高橋ら監訳「海洋生物学」東海大学出版会，1996.
7) 志々目友博 "COD総量規制強化の動向"，平成8年水環境プロセス特別研究会第一回講演会資料，1996.
8) 環境庁編「環境白書平成9年版」，1997.
9) ムーア著，藤代亮一訳「物理化学」第4版，東京化学同人，1974.
10) 谷垣昌敬 "水域での酸素吸収過程"，宗宮功編「自然の浄化機構」，技報堂出版，1990.
11) 西條八束，三田村緒佐武「新編湖沼調査法」，講談社サイエンティフィク，1995.
12) 山室真澄 "感潮域の底生生物"，西條八束，奥田節夫編「河川感潮域－その自然と変貌－」名古屋大学出版会，1996.
13) 木学会関西支部編「川のなんでも小事典」，講談社，1998.
14) 森下郁子「社会，未来，わたしたち⑭川と湖の＜健康＞をみる－水と生きもののくらし－」，岩崎書店，1987.
15) 森川七生，道奥康治 "貯水池水の蘇生をはかる"，水資源開発公団 "一庫ダム貯水池"の深層水エアレーションシステム，土木学会誌，第77巻，pp.12-15，1992.8.

16) 桜井善雄「水辺の環境学」,「（続）水辺の環境学」, 新日本出版社, 1991.
17) 亀山章, 樋渡達也「水辺のリハビリテーション」, ソフトサイエンス社, 1993.
18) 小倉紀雄編「東京湾－100年の環境変遷－」, 恒星社厚生閣, 1993.
19) 松永勝彦「森が消えれば海も死ぬ」, 講談社ブルーバックス, 1993.
20) 松本順一郎（編）「水環境工学」, 朝倉書店, 1994.
21) 建設省河川局（編）「調べてみよう私たちの川～河原の植物群落の簡易調査法～」, 1990.
22) 栗原康編著「河口, 沿岸域の生態学とエコテクノロジー」, 東海大学出版会, 1988.
23) 西條八束, 奥田節夫編著「河川感潮域」, 名古屋大学出版会, 1996.
24) 国立天文台編「理科年表」, 丸善, 1998.
25) 小倉義光著「一般気象学」, 東京大学出版会, 1989
26) 竹内清秀, 近藤純正著「大気科学講座Ⅰ：地表に近い大気」, 東京大学出版会, 1981.
27) 日本流体力学会編「地球環境と流体力学」, 朝倉書店, 1992.
28) 地球環境工学ハンドブック編集委員会編「地球環境工学ハンドブック」, オーム社, 1991.
29) 環境庁編「平成9年版, 環境白書, 総説」,「平成9年版, 環境白書, 各論」, 大蔵省印刷局, 1997.
30) 住明正「地球の気候はどう決まるか」, 岩波書店, 1993.
31) 宮田秀明「ダイオキシン」, 岩波新書, 岩波書店, 1999.
32) 鈴木静夫「大気の環境科学」, 内田老鶴圃, 1993.
33) J.アンドリューズ, ブリンブルコム, T.ジッケルズ, P.リス著, 渡辺正訳「地球環境科学入門」, シュプリンガーフェアラーク東京, 1997.
34) J.W.ムーア, E.A.ムーア著, 岩本振武訳「環境理解のための基礎化学」, 東京化学同人, 1980.
35) 朝日新聞1997.8.27.

36) IPCC報告書
37) 朝日新聞1999.3.5.
38) 門司正三, 野本宣夫訳「植物の物質生産」, 東海大学出版会, 1982.
39) 太田安定, 森下豊昭, 橘泰憲, 岩橋誠訳「植物の環境と生理」, 学会出版センター, 1985.
40) 新建築学大系編集委員会編「新建築学大系8:自然環境」, 彰国社, 1994.
41) 近藤純正編著「水環境の気象学」, 朝倉書店, 1994.
42) 板本守正, 市川裕通, 塘直樹, 片山忠久, 小林伸行「三訂版環境工学」, 朝倉書店, 1994.
43) Korzun, V.I ed.: World Water Balance and Water Resources of the Earth Studies and Reports in Hydrology, UNESCO, 25, 1978.
44) 住明正, 松井孝典, 鹿園直建, 小池俊雄, 茅根創, 時岡達志, 岩坂泰信, 池田安隆, 吉永秀一郎「地球環境論」(岩波講座地球惑星科学3), 岩波書店, 1996.
45) Brocker, W.S.: Massive iceberg discharges as triggers for grobal climate change, Nature, 372, pp421-424, 1994.
46) Novotny V. and Olem, H.: Water Quality, Prevention, Identification, and Management of Diffuse Pollution, Van Nstrand Reinhold, 1994.
47) 近藤次郎編「大気汚染-現象の解析とモデル化-」, コロナ社, 1975.
48) 柳沢三郎編「大気汚染の公害計測」, 日本規格協会, 1981.
49) 環境庁「平成11年度版環境白書, 総説」, 1999.
50) 田淵俊雄, 高村義親「集水域からの窒素・リンの流出」, 東京大学出版会, 1985.
51) 岩田進午, 喜田大三編「土の環境圏」, フジ, テクノシステム, 1997.
52) 気象利用研究会編「気象利用学」, 森北出版, 1998.

53) 那須淑子，佐久間敏雄「土と環境」地球環境サイエンスシリーズ⑤，三共出版，1997.
54) 木村真人ほか「土壌生化学」，朝倉書店，1994.
55) 岩田進午「土のはなし」科学全書，大月書店，1988.
56) 中野政詩，宮崎毅，松本聡，小柳津広志，八木久義「土壌圏の科学」，東京大学農学部編，朝倉書店，1997.
57) 木村眞人編「土壌圏と地球環境問題」，名古屋大学出版会，1997.
58) 服部勉，宮下清貴「土の微生物学」，養賢堂，1996.
59) 後藤寛治，川原治之助，玖村敦彦，丹下宗俊，佐藤庚「作物学」，朝倉書店，1982.
60) 星川清親「解剖図説イネの成長」，社団法人農山漁村文化協会，1982.
61) 松本聡"地球砂漠化の現況と修復への試み"，化学と生物，Vol.35 (No.3)，187-191，1997.
62) 高井康雄，三好洋「土壌通論」，朝倉書店，1977.
63) 高辻正基編著「地球を救うバイオテクノロジー」，オーム社，1991.
64) 地下水問題研究会「地下水汚染論」，共立出版，1991.
65) 日本地盤環境浄化推進協議会「土壌，地下水汚染の実態とその対策」，オーム社，2000.
66) 多賀光彦監修「水と水質汚染」，三共出版，1996.
67) 環境庁水質保全局「土壌，地下水汚染に係る調査，対策指針運用基準」，大蔵省印刷局，1999.
68) (社)日本水環境学会「日本の水環境行政」，ぎょうせい，1999.
69) インタリスク，アジア航測「土壌と地下水のリスクマネジメント」，工業調査会，2000.
70) 岩佐義明編著「湖沼工学」，山海堂，1990.
71) 寺田弘，筏英之，高石喜久「地球にやさしい化学」，化学同人，1992.
72) 日本ナレッジインダストリ編「気象年表I」，1998.

[第3章]

73) 野口悠紀雄「公共経済学」，日本評論社，1982.
74) 常木淳「新経済学ライブラリ・8　公共経済学」，新世社，1990.
75) 宇沢弘文「自動車の社会的費用」岩波新書，岩波書店，1974.
76) 植田和弘「環境経済学」，岩波書店，1996.
77) 岡敏弘「厚生経済学と環境政策」，岩波書店，1997.
78) 西村和雄「ミクロ経済学入門，岩波書店」，1986.
79) 石井安憲編著「現代ミクロ経済学」，東洋経済新報社，2000.
80) 柴田弘文，柴田愛子「公共経済学」，東洋経済新報社，1988.
81) P.O.ヨハンソン著，嘉田良平監訳「環境評価の経済学」，多賀出版，1994.
82) D.W.ピアス，A.マーカンジャ，E.B.バービア著，和田憲昌訳「新しい環境経済学−持続可能な発展の理論−」，ダイヤモンド社，1994.
83) 鷲田豊明「エコロジーの経済理論」，日本評論社，1994.
84) 鷲田豊明「環境評価入門」，勁草書房，1999.

[第4章]

85) ユクスキュル著，日高敏隆他訳「生物から見た世界」，思索社，1973.
86) 佐々木正人「知性はどこに生まれるか」講談社新書，講談社，1996.
87) キャロリン，マーチャント著，川本隆史，須藤自由児，水谷広訳「ラディカル エコロジー」，産業図書，1994.
88) A.S.ガン，P.A.ビェジリンド著，古谷圭一編訳「環境倫理（環境のはざまの技術者たち）」，内田老鶴圃，1993.
89) 丸山真男「(増補版) 現代政治の思想と行動」，勁草書房，1964.
90) 和辻哲郎「風土」，岩波書店，1936.

【索引】

アルファベット

BOD（生物化学的酸素要求量）	14
COD（化学的酸素要求量）	14
DO（溶存酸素）	14
GDP（国内総生産）	107
IPCC（気候変動に関する政府間パネル）	48
NOx（窒素酸化物）	53
pH	14
SOx（イオウ酸化物）	52
SS	14

あ

アオコ	23
青潮	25, 41
赤潮	24, 41
浅場	42
アルカリ性（土壌の）	69
アルミニウムイオン	69, 73
安定成層	13, 21
イオウ酸化物 SOx	52
遺贈価値	91
一次消費者	8
1年生草本群落	35
いや地現象	70
陰イオン	66-67
インフラ	121
液相（無生物の）	63
エコトープ	38
エスチャリー	37
エネルギー消費量	58
エルニーニョ	44
遠距離輸送	15
塩類化（土壌の）	70-71
オキシダント	56
汚染（揮発性有機化合物による）	76-77, 79
汚染（産業廃棄物や生活廃棄物による）	76
汚染者負担（環境対策費用の）	102
汚染者負担の原則	103
オゾン層	50
オプション価値	91
温室効果係数	46
温室効果	46
温帯湖	27

か

海洋性	4
化学的風化	65
化学的分解	81
化学的汚染	2
化学的酸素要求量 COD	14
可視光	7
河川生態系	105-106
ガソリンエンジン	55
活性炭吸着	81
価値	
（遺贈価値）	91
（オプション価値）	91
（現在享受される価値）	91
（資源としての価値）	91
（消費されない価値）	90-91
（消費される価値）	90-91
（将来享受される価値）	91
（存在自体の価値）	91
（場としての価値）	91
貨幣単位	92
環境勘定	110
環境経済学	83, 116
環境経済統合勘定表	107, 114
環境権	106
環境権取引	101
環境税	100
環境税率	100
環境世界	120
環境ホルモン	2
環境利用量	101
環境倫理	116
緩衝作用	73
乾性降下物	15
乾燥地土壌	68
気孔	60
気候変動に関する政府間パネル IPCC	48
技術者倫理	130-132
汽水湖沼	8
気相（無生物の）	63
揮発	81
揮発性有機化合物による汚染	76-77, 79
逆転層	56
強制乾燥	81
共存共栄	125
魚道	39
近距離輸送	15
近自然河川工法	38
近自然型護岸	38
クールスポット	62
グリーン GDP	107
クロロフィル	6, 14, 22, 60
経済成長率	107
原位置	79-80
原因者負担（環境対策費用の）	102
嫌気性微生物	22-23
健康項目	15
現在享受される価値	91
顕示選好法	95

光化学スモッグ	58		持続可能な経済活動（発展）	86, 116
好気性微生物	23		湿性降下物	15
公共負担（環境対策費用の）	102		湿生植物	30
光合成	6, 22, 60		湿地	42
高水敷	35		屎尿	19
耕地土壌	69		社会環境	121-122
固化	79		社会システム	121
固相（無生物の）	63		社会制度	121
			遮水工	80
			遮断工	80
さ			重金属汚染	76
殺菌剤	78		受益者負担（環境対策費用の）	102
殺虫剤	78		純光合成速度	7
砂漠（化）	70		浚渫工法	41
産業廃棄物や生活廃棄物	76		順転層	56
による汚染			硝酸	53
酸死	55		硝酸性窒素汚染	76-78
酸性（土壌の）	69		硝酸ミスト	54
酸性雨	54		蒸散	62
残留塩素	30		消費されない価値	90-91
残留性	2		消費される価値	90-91
紫外線	50		将来享受される価値	91
資源としての価値	91		将来世代への配慮	86
市場	84		職業倫理	130-132
自然型護岸	38		植栽工	80
自然環境の過剰利用	84		植生	58
自然環境の尊重	86		植物群落	35
自然乾燥	81		植物プランクトン	4, 22
自然浄化作用	34		食物連鎖	2, 8
自然土壌	68		除草剤	78
「自然に優しい」とは	137		浸食防止	36

深水層	21	帯電（土壌の）	64
森林土壌	68	対流圏	52
森林伐採	70	多自然型川づくり	38
水素イオン	68	多年生草本群落	35
水辺林	30	淡水赤潮	23
水利権	105	淡水性	4
スモッグ		地球温暖化	47
（ロスアンゼルス型）	57	地球の豊かさ	125
（ロンドン型）	56	窒素固定細菌	75
瀬	33	窒素酸化物 NOx	53
生活環境項目	14	中栄養湖	28
生活排水	19	中間圏	52
制限栄養塩	23	中水敷	35
生産者	8	抽水植物	30
成層化	13	沈水植物	30
成層圏	52	通気性微生物	23
生物化学的酸素要求量 BOD	14	ディーゼルエンジン	55
生物濃縮	2	底泥	21
生物の死骸	22	適正な規模	86
選択性	64, 67	テトラクロロエチレン	76-77, 79
全窒素	14	動物プランクトン	4
潜熱	9	土壌洗浄	81
全リン	14	トリクロロエチレン	76-77, 79
草地土壌	68	トリハロメタン	30
存在自体の価値	91		

た

ダイオキシン	2-3		
代替フロン	51		
代替法	95		

な

夏成層	27
ニッチ	124-125, 128-130, 137
熱圏	52
熱処理	81

熱脱着	81
熱分解	81
粘土	64
農薬	78
農薬汚染	76

は

バイオトープ	38
バイオレメディエーション	81
排出権	101
排泄物	22
発展する権利	104
ばっ気	81
場としての価値	91
ハビタット	38
早瀬	33
ヒートアイランド	61
ヒートアイランド循環	61
ビオトープ	38
日陰	62
干潟	41
微生物農薬	78
表層	21
表明選好法	95-97
平瀬	33
貧栄養湖	28
貧困者への配慮	86
不安定成層	13
フィジオトープ	38
風化	65

風力乾燥	81
富栄養化	18
富栄養湖	28
覆砂工法	41
覆土工	80
淵	33
物理的風化	65
物量単位	92
浮標植物	30
冬成層	27
不溶化	79
浮葉植物	30
フロン	51
閉鎖性内湾	40
ヘドロ	22
変化に富んだ環境	126
ベンゾピレン	56

ま

マメ科植物	75
マングローブ	40
ミクロキスティス	23
水の華	22
緑の革命	72
無機栄養塩	4, 18
無機栄養分	60
無機的環境	117-120
メタンガス	22
木本群落	35

や

焼き畑	74
有害化学物質	15
有害微量ガス	15
有機汚染	2-4, 19
有機汚染問題	21
有光層	22
豊かさ指標	107, 113
陽イオン	66-67
溶存酸素DO	14
葉緑体	6, 60
ヨシ	40
陸地	29

ら，わ

リター層	69-70
硫化水素	22
硫酸	53
硫酸ミスト	54
リン	68
リン酸イオン	67
倫理（環境倫理）	116
連作障害	70
ロスアンゼルス型スモッグ	57
ロンドン型スモッグ	56
ワンド	34

〈著者紹介〉

有田正光（ありたまさみつ）
- 学　歴　中央大学大学院理工学研究科博士課程満期退学（1979）
　　　　　工学博士（1983）
- 職　歴　東京電機大学理工学部建設工学科教授

石村多門（いしむらたもん）
- 学　歴　東京大学大学院人文科学研究科倫理学専攻(博士課程)満期退学（1991）
- 職　歴　東京電機大学理工学部理工学部一般教養系列助教授

白川直樹（しらかわなおき）
- 学　歴　東京大学大学院工学系研究科博士課程中途退学（1998）
- 職　歴　東京大学大学院工学系研究科助手

環境問題へのアプローチ

2001年7月10日　第1版1刷発行

編　者	有田正光
著　者	有田正光
	石村多門
	白川直樹
発行者	学校法人　東京電機大学
代表者	丸山孝一郎
発行所	東京電機大学出版局
	〒101-8457
	東京都千代田区神田錦町2-2
	振替口座　00160-5-71715
	電話　(03)5280-3433（営業）
	(03)5280-3422（編集）

印刷	三立工芸㈱
製本	渡辺製本㈱
装幀	福田和雄

Ⓒ Arita Masamitsu, Ishimura Tamon,
Shirakawa Naoki 2001
Printed in Japan

＊無断で転載することを禁じます。
＊落丁・乱丁本はお取替えいたします。

ISBN 4-501-61880-9　C3040

Ⓡ〈日本複写権センター委託出版物〉